钢铁企业蒸汽管网测控技术

罗先喜　著

哈尔滨工程大学出版社
Harbin Engineering University Press

内容简介

本书研究了以能源管理系统为平台，实现对大型钢铁企业重要能源设施——蒸汽管网实时测控的一系列方法，包括蒸汽管网流量模型的建模、故障数据的检测与管网运行状态实时监控、测量数据显著误差检测、流量数据协调等一系列关键技术问题。最后提出了蒸汽管网测控数据在线校正系统的框架与实施思路。实践证明，这些方法具有坚实的理论基础和很好的工程可操作性，对蒸汽管网信息化、管理远程化与智能化研究有一定的参考价值。

本书可供高耗能企业能源信息化、能源管理优化和过程控制系统数据校正的研究人员、工程技术人员使用。

图书在版编目(CIP)数据

钢铁企业蒸汽管网测控技术/罗先喜著. —哈尔滨:哈尔滨工程大学出版社,2018.12
ISBN 978-7-5661-2162-2

Ⅰ.①钢… Ⅱ.①罗… Ⅲ.①钢铁企业-蒸汽管道-管网-研究 Ⅳ.①TK284.1

中国版本图书馆 CIP 数据核字(2018)第 284002 号

选题策划 石 岭
责任编辑 张忠远 葛 雪
封面设计 博鑫设计

出版发行 哈尔滨工程大学出版社
社　　址 哈尔滨市南岗区南通大街 145 号
邮政编码 150001
发行电话 0451-82519328
传　　真 0451-82519699
经　　销 新华书店
印　　刷 哈尔滨市石桥印务有限公司
开　　本 787 mm×960 mm 1/16
印　　张 10
字　　数 210 千字
版　　次 2018 年 12 月第 1 版
印　　次 2018 年 12 月第 1 次印刷
定　　价 39.80 元
http://www.hrbeupress.com
E-mail:heupress@hrbeu.edu.cn

前 言

工业化与信息化的融合，是我国自“十二五”以来重点推进的项目，是现阶段国民经济传统产业推动结构升级、提高企业生产管理效益和节能降耗的重要手段。钢铁企业是我国能源消耗大户，能源结构复杂，干扰因素多。实现能源系统的信息化具有重要意义已成为共识，生产过程数据大量存储已成为普遍现象。但是如何提高数据质量、大量数据如何应用，这些问题还有待深入研究。本书选取钢铁企业的蒸汽管网作为研究对象，深入分析和探讨蒸汽管网系统建模、实时监控和测控数据校正三方面的问题。全书的结构安排如下。

第 1 章，综述了钢铁企业能源管理系统基本结构与功能，蒸汽管网在能源管理系统中的地位；论述了蒸汽管网流量测量数据校正技术需求的背景；分析了当前钢铁企业蒸汽测量存在的问题和对数据校正的技术需求。在此基础上介绍了本书内容的概况。

第 2 章，论述了蒸汽管网流量建模的方法。调查分析了目前蒸汽管网用于流量测量的仪表类型及导致测量精度低的原因，提出采用 IF97 公式改进了蒸汽流量的计量模型；分析了钢铁企业蒸汽管网的平衡设计、钢铁企业产生蒸汽环节和消耗蒸汽环节的特点及建立蒸汽流量认证的方法；分析了蒸汽在管网中传输时的水力学和热力学特性，提出了在管网节点处压力、温度已知时，计算蒸汽流量的方法。此外，简述了基于流体仿真软件 Flowmaster 对蒸汽管网建模的方法和示例。

第 3 章，论述了蒸汽管网数据监控的方法，将数据监控的问题分解为单变量监控和多变量监控。针对单变量监控的问题，采用该变量的统计数据建立经验分布函数，参照标准正态分布的“3σ”原则对应的概率，寻找经验分布中对应的变量取值,将其设定为单变量的控制极限;针对多变量监控问题,采用 PCA 的方法建立多个变量之间的统计模型,提出了状态分类的方法、每个状态对应的多变量控制极限,确定了 Hotelling's T^2 及平方预测误差(SPE)报警极限的方法;针对大范围监控受到非线性误差影响的情况,提出了分段 PCA 模型的多变量监控方法。

第 4 章,论述了蒸汽管网流量测量系统的显著误差检测方法。以实际管网为例分析了显著误差检验用于蒸汽管网时关联矩阵、约束方程的确定方法,并阐述了算法原理;论述了基于统计的 MT 法和 NT 法的基本实施步骤和使用注意事项;提出了基于 TBM 证据理论,合成两种检验法以形成统一的显著误差判断的方法,并给出了应用实例;探讨了 GLR - NT 合成显著误差检测算法在蒸汽管网测控中的应用问题。

第 5 章,论述了蒸汽管网流量测量系统的数据协调方法。论述了数据协调的原理和条件,分析了蒸汽管网中的损耗量的确定及约束方程的变化;用改进的间接法确定加权系数矩阵,给出数据协调的实现过程;探究了 PCA 与动态数据协调相结合的在线数据协调方案。

第 6 章,提出了钢铁企业蒸汽管网流量数据校正的完整方案;介绍了基于本书研究成果开发的蒸汽管网流量数据校正软件模块的主要功能与框架结构。

在结论部分归纳了本书的研究内容、研究方法等,并指出在本研究领域未来可能的研究内容与发展方向。

本书受到国家自然科学基金项目(61463003)、国家留学基金项目(No. 201508360120)、江西省基金项目(JXNE2017 - 01)的资助。本书在撰写和出版过程中,得到东华理工大学各级领导、同事的关心和帮助。课题主要借助于江西省新能源工艺及装备工程技术研究中心、东华理工大学机电学院电子实验中心两大平台得以实施。其间黄赢、王威、邓宏伟和吴泽浩等研究生也为课题做出一定贡献。在此一并表示感谢。

由于作者水平所限,错误之处在所难免,希望广大读者批评指正。

著　者

2018 年 10 月

目　　录

第1章　钢铁企业蒸汽管网测控技术概述

我国钢铁行业能源消耗巨大。能源管理系统(energy management system, EMS)是降低企业能耗的重要管理平台。先进的EMS除采集和监控现场数据之外,还需要从全流程和多目标的角度寻求更大的节能减排空间,将对数据质量的要求提升到新的高度。蒸汽管网管理系统是EMS的重要组成部分,该系统通过数据校正能及时发现从生产过程中采集到的问题数据,从而有效改善蒸汽管网测量数据的质量。本章主要概述钢铁企业能源管理系统、蒸汽管网管理及数据校正技术在蒸汽管网测控中的应用。

1.1　钢铁企业能源管理系统

20世纪80年代以来,中国的钢铁行业发展势头迅猛,粗钢产量逐年攀升。直到2015年全国生产粗钢8.04亿吨,同比下降2.3%,1982年以来首次出现下降。也是这一年,重点大中型钢铁企业由盈转亏,亏损面超过50%。影响钢铁企业经营和赢利的原因是多方面的,其中能源成本过高、能源效率较低是重要因素之一。据统计,目前全国钢铁企业总能耗占全国能源消耗量的14.6%以上,能源的有效率仅为30%左右。高能耗和低效率也对环境造成不利影响,钢铁企业生产过程中排放大量的污染物,包括工业废水、粉尘和二氧化硫等。《中华人民共和国国民经济和社会发展第十三个五年规划纲要》指出,“十三五”时期单位GDP能源消耗降低15%,单位GDP二氧化碳排放降低18%。同时提出到2020年能源消耗总量50亿吨标准煤以内的总量目标。目前,节能减排形势严峻,任务艰巨。为了实现这些目标,作为能耗与污染物排放大户的钢铁行业责无旁贷。Arens等人结合德国钢铁工业的发展情况及节能减排目标指出四条途径:减产、推广节能减排新工艺、增加可循环环节及提高高炉寿命。但是在我国,工艺和管理方式落后是制约我国钢铁企业实现节能减排的主要原因。大量研究表明,降低吨钢综合能耗,能有效降低能源消耗和污染物排放量。

在工艺方面，国内外钢铁行业正逐步淘汰一批落后工艺和设备，正在推广型煤技术、焦炉废烟气干燥入炉煤设备，以及干熄焦(coke dry quenching, CDQ)、高炉煤气余压透平发电(blast furnace top gas recovery turbine unit, TRT)、热装热送等工艺，目前已取得明显的节能效果。以首钢京唐公司为例，该公司在综合采用以上工艺后，2015 年吨钢综合能耗为 604.5 kg 标准煤，达到同行业先进水平；余热余能回收 136.26 kg 标准煤，回收率达 48.31%，高出全国平均水平 10.89%。其中，高效煤气－电能转换中心和余热蒸汽回收利用中心起了重要作用，基本实现煤气、固体废弃物、蒸汽和水循环、废水的零排放。

在能源管理方面，由于钢铁企业用能设备数量多、工艺日趋复杂，使用的能源介质达 20 多种，且能源介质的产生或消耗之间有复杂的关联，能源管理过程中的多头化、粗放化现象普遍，管理效率低。因管理和调控不当引起的能源介质放散现象时有发生，造成大量能源浪费和环境污染。构建能源环境管控中心是推动节能减排的有力手段。能源环境管控中心多依托 EMS 平台，实现能源图表查询、能流分析、在线监视、远程控制、趋势预测、环境监控等功能。能源环境管控中心为企业订制生产提供支撑，实现能源供给方式的多元化、管控体系扁平化，促进在合理用能的前提下实现按需分配。集合工业测量、工业网络、计算机和控制技术而形成的 EMS 能源管理信息平台，成为有效解决这些问题的新型技术。

EMS 最早是由日本八幡制铁所设计，经过几十年的发展，在国外已相当成熟。西方许多企业都实现了 EMS 与企业资源计划(enterprise resource planning, ERP)系统的高度整合。国家工业与信息化部在《钢铁工业“十二五”发展规划》中肯定了 EMS 在工业节能减排中的作用，并指出 EMS 及优化调控技术是“十二五”期间研究和推广应用的重点。宝钢的能源管理中心已经完成了三期改造，覆盖了厂区几乎所有的能源设施，在能源生产、输送和消耗环节实现了集中化、扁平化和全局化。首钢京唐公司的 EMS 由于投产时间较晚，综合总结了之前能源管理中心建设中的经验，应用了最新的信息技术，具备实施更先进的 EMS 系统的条件。

当前国内能源管理系统建设方案基本规范化，图 1－1 是某大型钢铁联合企业 EMS 网络结构图，它是一种典型的能源管理系统结构图：现场测控信号经远程测控单元工业网络，传输到 I/O 服务器，并存入数据库服务器。操作人员通过能源大厅的操作平台显示的数据，按照不同能源介质的调度进行标准操作，系统也为能源生产和使用单位提供实时能源信息服务。企业通过 EMS 实现了能源管理信息化，能及时方便地进行能源系统远程控制、平衡计算、能源追溯、需求预测、实绩管理和成本核算等。

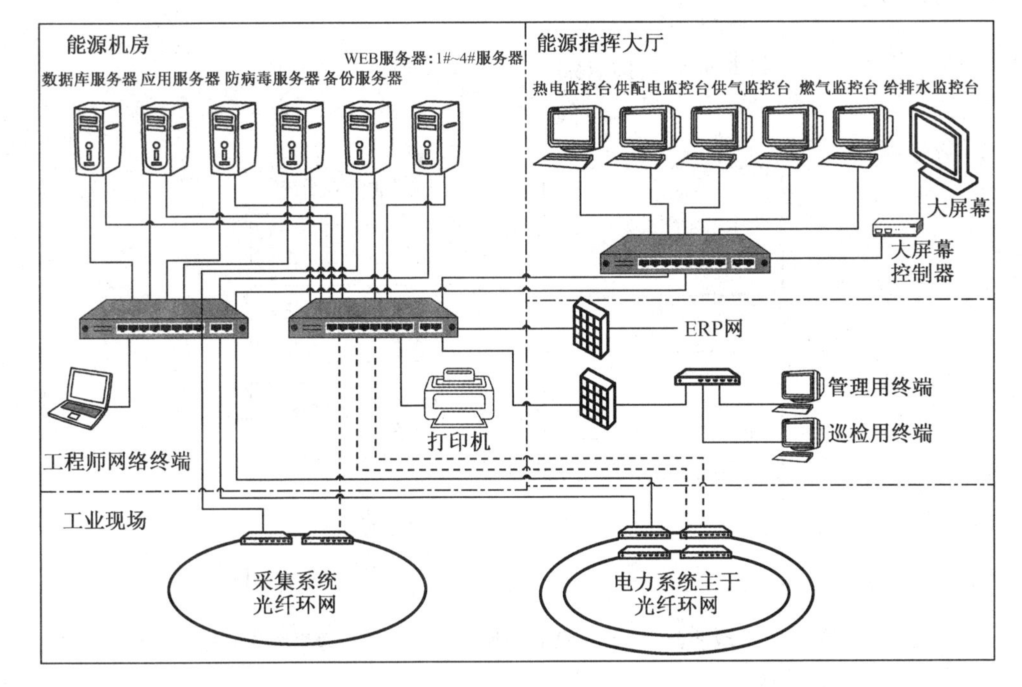

图1-1 某大型钢铁联合企业EMS网络结构图

基于EMS信息平台,面向企业全流程控制的先进能源管理系统也在快速研究当中。一方面为了挖掘节能减排的潜力,从全流程优化控制的角度,依据市场环境和利润目标通过企业资源计划(ERP)系统形成生产决策与生产计划,然后由制造执行系统(Manufacturing Execution System, MES)分解到生产工艺与作业岗位工艺实施;另一方面,从钢铁制造流程物质流和能量流耦合的特点出发,分析能源多介质综合优化调配策略。先进能源管理系统服务于全流程优化控制中的指标分解、生产实施和生产优化控制,同时受企业能耗目标(或单位能耗)和环保要求的约束。图1-2为钢铁企业全流程优化控制与先进能源管理系统关系图。基于全流程控制与系统节能思想的先进能源管理系统需要解决的问题包括能源介质的实时监测,生产过程与设备能效分析与优化控制,信息系统集成和多目标多约束的全流程能源预测、仿真、实时优化(real time optimization, RTO)等。所有这些工作都需要以生产过程中高质量的数据为基础。

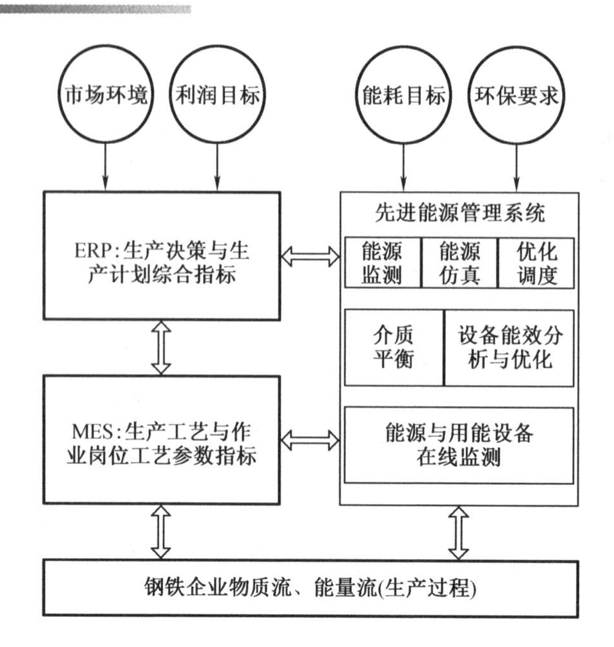

图1-2　钢铁企业全流程优化控制与先进能源管理系统关系图

EMS根据应用的特点，对数据质量有特定的要求。所谓数据质量，即数据的完整性（completeness）、精确性（accuracy）、一致性（consistency）、时效性（timeliness）等问题。数据的完整性是指被描述对象的属性数据无缺失的程度；数据的精确性是指数据与对象的真实属性相符程度；数据的一致性是指关联数据集中的数据对关联的满足程度；数据的时效性则是指数据是否满足特定的时限要求。数据质量的高低取决于测量仪表的精度、仪表配置的数量与方位、数据采集的周期、数据传输通道的可靠性等。

图1-3为生产过程实时优化（RTO）系统的一般结构原理。图1-3中的数据调和，即本书所述的数据校正，是过程参数估计、显著误差检测、数据协调三者的统称。它利用数据在时间、空间上的冗余性，采用统计过程分析和工业过程的机理模型消除原始数据中的显著误差，减小随机误差的影响，并设法估计出未测量变量的值。采用数据校正技术可以提高生产过程数据的完整性、精确性和一致性，改善实时优化系统中数据的质量。在能源管理系统中，数据校正为更新能源系统调度模型和进行稳态优化的预处理过程提供了条件，是能源管理系统正确决策与控制的基础。

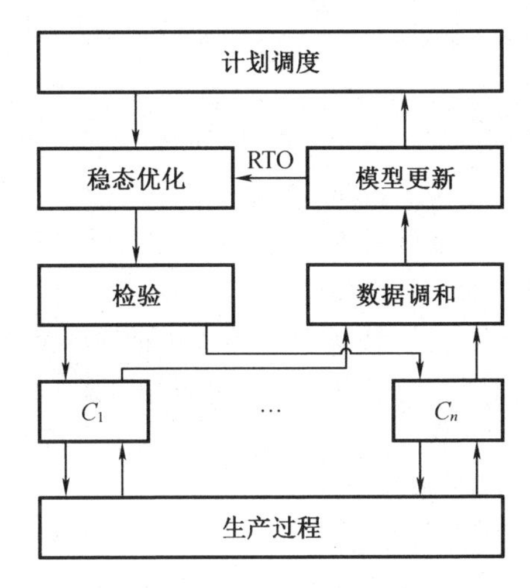

图1-3 生产过程实时优化(RTO)系统的一般结构原理

1.2 钢铁企业蒸汽管网及其优化管理

钢铁企业生产过程中会产生大量的热量。这些热量主要包括高炉、转炉、电炉及其他冶炼炉的高温烟气,烧结、焦化过程中的余热,各种加热锅炉供生产后的多余热量,自备蒸汽动力发电机组发电后的背压蒸汽等。这部分能源一般以废气、产品余热等形式排放,占企业全部生产能耗的35%以上。鉴于资源日益短缺的现状,这部分能源越来越受到钢铁企业的重视,利用锅炉回收这部分余热生成蒸汽进行再利用,可以为企业带来可观的经济效益。

蒸汽管网将这些余热锅炉连接成网,在钢铁企业合理调送和综合利用。这是钢铁企业重要的能源设施,在能源管理系统中一般属于热电子系统。据统计,目前先进的钢铁企业蒸汽能耗占钢铁企业总能耗的10%以上,其中有7%左右来自生产过程的余热余能回收。蒸汽管网延伸到每个生产环节,规模庞大。其主要作用是保护高温设备正常生产、回收余热余能、供热、制冷、发电。由于关系钢铁生产全局,且能有效降低钢铁企业综合能耗,蒸汽管网监控成为钢铁企业EMS的重要组成部分。经调研,蒸汽管网在实时优化控制时应遵循如下原则。

首先,实现蒸汽管网优化运行必须保证蒸汽供应量与需求量总体平衡。蒸汽产生量、使用量取决于生产需要,变化频繁且不易预测。实现蒸汽供应量与需求量总体平衡的重要性表现在：当蒸汽供应量大于需求量时，管网压力升高，则需要放散（浪费能源）；当蒸汽供应量小于需求量时，影响生产正常运行。

其次，实现蒸汽使用中投入的能源成本最低、经济性最好。不同来源的蒸汽成本、品质不同，因此使用优先级也不同。钢铁企业在生产时，在满足生产用汽流量、压力、温度的前提下，优先利用低成本的烧结、热轧、炼钢等余热设施产汽，并以启动锅炉等稳定的蒸汽源作为基础供应环节，以干熄焦发电机组抽取的蒸汽量作为适应蒸汽需求量波动的首要调节手段，以发电机组抽取的蒸汽作为后备调节手段，保证蒸汽供应量与需求量平衡（供需平衡）。这样，既综合利用余热余能减少了能源投入，又能保证生产用汽，真正做到"零放散"，减少了能源浪费，对提高钢铁企业整体的能源利用效率有显著效果。

可见，钢铁企业蒸汽系统在运行过程中，一方面要兼顾生产的需求，另一方面还要提高运行的稳定性与经济性。技术人员正在研究多目标优化的方式以有效解决这两方面的需求，通过多周期预测和调度的方式来提升蒸汽系统运行的安全性。

要按以上两个原则实现蒸汽管网的优化控制及进行蒸汽测控数据深层次应用开发，其前提条件是实现蒸汽管网远程测量数据，尤其是流量数据的采集和监控。这样才能及时、正确地反映不同来源蒸汽的供应量和蒸汽管网蒸汽的实际供需平衡情况。只有依据高质量的数据才能保证实时优化控制得到正确的决策和控制指令，因此流量数据的完整性、精确性、一致性成为蒸汽管网实时优化控制至关重要的要求。

在钢铁企业能源成本核算和节能减排管控方面，企业需要完整、精确和一致的蒸汽流量数据来实施蒸汽计量与管理。通过高质量的流量数据，企业可以分析生产工序中不合理的用汽环节、查找蒸汽系统管理上的缺陷和提高职工的节能意识。

1.3 蒸汽管网管理系统测控技术现状与潜在需求

据调研发现，我国钢铁企业蒸汽管网测控数据普遍存在数据质量问题，难以满足远程集中监控、能源计量管理对数据质量的要求，与先进的 EMS 全流程实时控制和多目标优化时对数据质量的要求差距更远。为了提高蒸汽管网能源管理的效率与效果，对测控数据进行数据校正以提高数据质量变得异常迫切。

1.3.1　蒸汽管网管理系统测控技术现状

在钢铁企业热电监控与调度管理系统中，各工序点蒸汽的流量、压力、温度以及蒸汽管网关键节点压力都是重要的监测变量。压力和温度同时也是计量蒸汽的质量流量时进行温度压力补偿必需的参数。当采集这些数据的传感器、变送器、数据采集模块或通信网络出现故障时，反映到监控界面上的压力、温度和流量就成为异常数据。根据现场的调研，将蒸汽流量测控系统中常见的异常数据的表现与原因进行列举，见表1-1。

表1-1　异常数据的表现与原因

测量变量	异常数据的表现	原因
压力测量（精度较高）	数值为零或无变化	网络断电、停电、死机、PC模块损坏
	测量值明显偏高或偏低甚至为零	取压管堵塞、表内堵塞
	偏低或为零	变送器损坏（较少出现）
温度测量（精度较高）	数值为零或无变化	网络断电、停电、死机、模块损坏
	数值超出最大值或为负	热电耦开路
	温度变化率过快	接触不良
流量测量（精度低）	数值为零或无变化	网络断电、停电、采集模块死机
	数据比正常值偏高（积灰）或偏低（积水）	导压管堵塞、积灰、积水、节流元件磨损
	流量波形出现削顶	变送器出现漂移、带负载能力差

从表1-1中可以看出，测量数据在产生和传输过程中会受到取样点、传感器、变送器、数据采集模块、网络、供电等多个环节的影响而成为异常数据。因此在应用这些数据之前，有必要及时甄别这些数据，以避免由此引起的生产异常。

除了表1-1中列出可能导致产生异常数据的因素之外，在大多数钢铁企业中，蒸汽管网测量系统还存在如下问题。

1. 仪表配置不全

由于钢铁企业蒸汽管网的规模大、地理分布广，全面监控管网的运行需要大量的仪表。但是，在设计之初往往没有考虑到对管网全面监测、实时优化控制和能源精细化测量的需要，而是因资金及施工难度的问题，在蒸汽管网中没有做到“一管一测”和“温度压力补偿”,有些管段甚至没有安装必要的仪表。待投产以后,再装设仪表的施工难度很大。

2. 蒸汽流量仪表的精度低

钢铁企业用于蒸汽流量测量的仪表由于设备选型或安装不当、使用年限过长老化等原因,精度偏低。处于生产的状态下,蒸汽流量仪表的检定、更换都很困难,因此测量精度低的问题很难及时解决。

3. 故障仪表维修不及时

由于仪表地理位置分散,且不同时期投运的仪表类型各不相同,仪表的数量众多,给设备的点检和维修带来不便。只有对生产有重大影响的仪表才能经常点检和及时维修。而一些辅助的测量仪表在出现故障或者测量偏差大时,往往需要较长时间之后才能得到修复。

4. 环境对仪表严重干扰

钢铁企业高温、粉尘、噪声、震动、强电磁干扰的环境,对仪表的正常工作极为不利。由于存在这些外部因素,仪表的寿命缩短、工作性能变差,精度降低。有时短暂的强电磁干扰,使仪表读数成为超出正常范围的异常数据。

5. 流量计量的输差大

除了蒸汽流量仪表自身精度不高的因素之外,受到蒸汽输送距离及管道保温情况等因素的影响,蒸汽在传输的过程中变成冷凝水;蒸汽管道的泄漏,也会加剧蒸汽产生量与消耗量之间的差异(输差)。在调研中发现,有的企业在计量中出现蒸汽的总供给量和总消耗量之间的差别达到30%以上的情况,核算各生产部门的能源成本时,经常发生计量纠纷。

从以上的分析可以发现,目前钢铁企业对蒸汽管网监测与计量的数据存在很多问题。这些测量数据既不完整,也不精确;计量输差大,数据的一致性不好。

在蒸汽管网实时优化控制方面,当蒸汽管网的测控数据与实际值偏离达到一定程度时,可能导致以它们作为调节控制参数的自动化调节系统大幅度偏离工艺要求。由于大型钢铁企业蒸汽网络需要监测的数据量大,仅仅依靠操作人员凭经验判断异常数据的效率很低。而且即便发现了问题,不是每个操作人员都能估算该测点数据的正常范围,这也直接影响生产决策与调度,可能引起蒸汽放散等浪费能源现象的发生,甚至引发设备安全事故。

在能源管理方面,由于蒸汽管网的流量计量数据不完整、不精确、一致性差(产耗计量的差值大),难以核算能源成本,不利于分析查找不合理的用能环节和管理漏洞,这限制了管网节能效果的提升空间。

因此提高蒸汽管网压力、温度,尤其是流量测量数据的质量,对于保证钢铁企业正常生产、设备安全,提高企业整体管网节能效果都非常必要。

1.3.2 数据校正的定义和技术需求

如果把流程工业中某生产过程的测量模型记为

$$\boldsymbol{Y}=\boldsymbol{X}+\boldsymbol{E} \tag{1-1}$$

式中,$\boldsymbol{Y}\in\mathbf{R}^{n\times1}$为被测变量的测量值向量;$\boldsymbol{X}\in\mathbf{R}^{n\times1}$为被测变量的真实值向量;$\boldsymbol{E}\in\mathbf{R}^{n\times1}$为测量误差向量。引入$\boldsymbol{U}\in\mathbf{R}^{m\times1}$代表未测量变量的真实值向量。假设本过程的测量模型满足4个条件:过程处于稳态、测量线性无关、没有显著误差存在(e服从正态分布),且变量之间为线性约束关系。那么根据物料与能量平衡,这些变量满足特定的约束条件,即

$$F(\boldsymbol{X},\boldsymbol{U})=0 \tag{1-2}$$

由于测量值中含有误差,用被测变量的测量值向量$\boldsymbol{Y}\in\mathbf{R}^{n\times1}$替代被测变量的真实值向量$\boldsymbol{X}\in\mathbf{R}^{n\times1}$,式(1-2)不一定成立。因此Kuehn和Davison提出数据协调的问题:满足物料平衡和能量平衡的约束条件下,使过程变量的估计值和测量值偏差的平方和最小。

设被测变量的真实值向量的估计值向量为$\hat{\boldsymbol{X}}$,未测量变量的真实值向量的估计值向量为$\hat{\boldsymbol{U}}$。由于是线性约束,式(1-2)可以写为

$$\boldsymbol{A}\hat{\boldsymbol{X}}+\boldsymbol{B}\hat{\boldsymbol{U}}+\boldsymbol{C}=0 \tag{1-3}$$

目标是使以下函数取得最小值,即

$$\boldsymbol{J}=(\hat{\boldsymbol{X}}-\boldsymbol{Y})^{\mathrm{T}}\boldsymbol{Q}^{-1}(\hat{\boldsymbol{X}}-\boldsymbol{Y}) \tag{1-4}$$

式中,$\boldsymbol{A}\in\mathbf{R}^{k\times n}$,$\boldsymbol{B}\in\mathbf{R}^{k\times m}$分别为系数矩阵,$\boldsymbol{C}\in\mathbf{R}^{k\times1}$为常数项矩阵,$k$为约束方程的个数;$\boldsymbol{Q}\in\mathbf{R}^{n\times n}$为加权系数矩阵,关于该矩阵的确定方法将在第5章中详细论述。

这是一个线性约束下最优估计问题。对流程简单的系统,直接使用Lagrange乘子法求解即可得到最后的调整值。但是对于复杂的系统,则需要对数据分类和流程分解。

根据Crowe提出的矩阵投影法,消除未测量值的影响。由此得到

$$\hat{\boldsymbol{X}}=\boldsymbol{Y}-\boldsymbol{QA}^{\mathrm{T}}(\boldsymbol{AQA}^{\mathrm{T}})^{-1}\boldsymbol{AY} \tag{1-5}$$

$$\hat{\boldsymbol{U}}=(\boldsymbol{B}^{\mathrm{T}}\boldsymbol{Q}^{-1}\boldsymbol{B})\boldsymbol{B}^{\mathrm{T}}\boldsymbol{Q}^{-1}\boldsymbol{Y} \tag{1-6}$$

定义1-1 在满足物料与能量平衡约束条件下,求取被测量变量真实值的估计值,使估计值与测量值之差的加权平方和最小的数据处理方法称为数据协调。

定义1-2 利用测量值对未测量变量(或丢失数据)进行估计的过程,称为参数估计。

在实际测量系统中，有些仪表的传感器、变送器存在定向偏差，或受到固定的干扰，一般将这种偏差或干扰引起的测量偏差称为显著误差，将其向量记为 $\boldsymbol{W} \in \mathbf{R}^{n \times 1}$。另记 $\boldsymbol{\varepsilon} \in \mathbf{R}^{n \times 1}$ 为测量值中的随机误差向量，它服从均值为0、方差矩阵为 $\boldsymbol{Q}$ 的正态分布。

则式(1－1)也可以表示为

$$\boldsymbol{Y} = \boldsymbol{X} + \boldsymbol{W} + \boldsymbol{\varepsilon} \tag{1-7}$$

由式(1－5)和式(1－6)可知，当被测变量的测量值向量 $\boldsymbol{Y} \in \mathbf{R}^{n \times 1}$ 中含有显著误差时，直接用数据协调的方法计算被测变量与未测量变量的估计值，显著误差会往其他正常测量值传播。因而在数据协调之前，需要先检测和去除测量值中的显著误差。

定义1－3 定位并去除显著误差的过程称为显著误差检测。

定义1－4 参数估计、显著误差检测和数据协调统称为数据校正。

由于钢铁企业蒸汽管网测量仪表存在配置不全、流量测量数据不准、计量输差大的问题，即数据的完整性、精确性和一致性不好，不符合蒸汽管网实时优化控制和能源计量对数据质量的要求。

从企业生产需要可以分析出钢铁企业蒸汽管网测控系统对数据校正技术的具体需求如下。

(1)及时发现发生异常的压力、温度和流量数据。对可能无法反映现场实际情况的数据进行区分和提示。同时，监控蒸汽系统运行状态转移、泄漏、放散、供需不平衡等可能引起能源浪费的情况并报警。

(2)提高蒸汽流量测量仪表实时测量值和累积值的精确度。

(3)估算未安装蒸汽流量仪表或仪表读数异常管网部位的蒸汽流量数据。

(4)估算未安装流量仪表或仪表读数异常的管段蒸汽流量数据。

(5)检测流量测量数据中的显著误差，使测量数据向真实值的方向调整。

(6)解决不同流量测量方法和设备得到的流量数据之间不一致或相互矛盾的问题，提高蒸汽流量测量数据的一致性和精确性。

蒸汽管网流量数据校正的目的可用图1－4表示。

钢铁企业蒸汽管网的测量数据，在经过以上一系列的数据校正处理之后，数据的完整性、精确性、一致性将明显改善，为蒸汽管网数据优化控制和调度管理提供条件，同时也为科学合理计量蒸汽、核算能源成本提供依据。

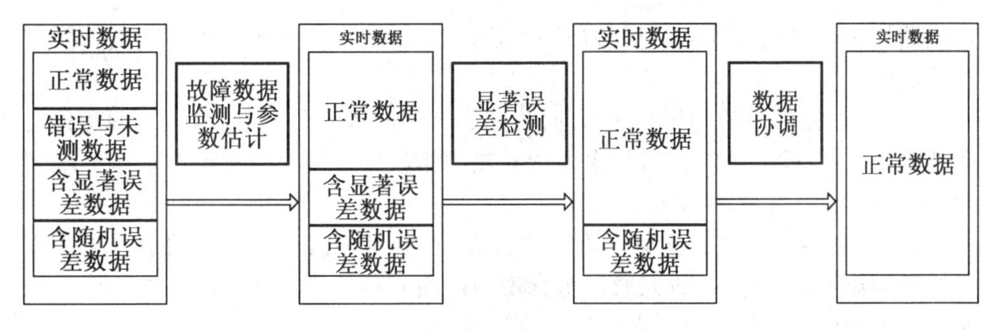

图1-4 蒸汽管网流量数据校正的目的

1.4 全书概况

数据校正技术应用于钢铁企业蒸汽管网流量测量与应用于化工生产过程的流量测量有很大的区别。首先,化工生产过程很多都是缓慢变化,过程平稳,满足数据校正的状态条件;其次,在化工生产过程中各种物料流量测量仪表配备较全,尤其是每条料线延伸的环节多,如果每个环节都有检测,就存在大量的冗余测量设备,满足数据校正的冗余条件。而在钢铁企业,蒸汽管网平时经常用于调节钢铁生产中蒸汽的供需平衡,其状态不平稳;蒸汽管网料线延伸短、仪表配置的冗余度低,且蒸汽测量仪表精度低,这些因素增加了蒸汽管网数据校正的难度。蒸汽管网流量测量系统的这些特点,决定了我们在研究时首先要根据管网的结构与蒸汽在产生、消耗和传输环节所遵循的规律建立数学模型,建立被测量数据之间的数学关系;其次是监控管网状态、扩展数据来源以提高冗余度;最后才是解决显著误差检测与数据协调的问题。

为了实时监控钢铁企业蒸汽管网运行的状态的变化,提高测量数据的质量,降低小钢铁企业蒸汽管网流量计量误差,本书的研究内容和方法如下。

(1)分析目前钢铁企业产生和消耗蒸汽的主要环节、蒸汽流量计量的主要方法,以及导致较大幅度蒸汽计量误差的原因。针对当前最常用的蒸汽流量测量方法,结合蒸汽流量仪表原理、蒸汽性质和国家标准,研究适合于蒸汽流量测量且能改善蒸汽流量仪表测量精度的方法。

(2)根据钢铁企业最主要的蒸汽生产工艺和蒸汽的消耗工艺,找到与该工艺点蒸汽流量密切相关的因素,用统计建模的方法建立这些变量与蒸汽的实时产生量或消耗量之间关系的数学模型(产耗模型)。依据该模型实时估算蒸汽管网流量认证值。

(3)根据流体力学和传热学原理,找到蒸汽管网各流量、温度与压力测量值之间的函数关系,建立蒸汽管网的水力学和热力学模型。研究依据模型求解蒸汽管网各管段流量计算值的算法。

(4)采用专业软件建立蒸汽管网的仿真模型,对蒸汽管网运行的主要参数变化的基本规律进行探索,研究通过仿真模型诊断和预测管网运行状态的方法。同时也为数据校正提供离线仿真数据。

(5)根据蒸汽管网的压力、温度、流量的统计特性,建立单变量统计模型和多变量统计模型。依据这些模型自动识别来自现场数据中的异常数据,同时对现场的复杂的变化做出正确的响应。研究单变量和多变量统计过程极限的确定方法,使对蒸汽管网的监控既具有较高的灵敏性,同时也减小误报警的概率。

(6)结合蒸汽管网的测量数据、蒸汽产耗模型和蒸汽管网模型,研究和改进蒸汽管网流量测量数据中的显著误差检测方法。

(7)研究存在一定测量数据冗余的条件下,利用蒸汽管网模型,实施流量数据协调需要解决的关于蒸汽管网测量系统的假设条件、约束方程、加权矩阵的选取的问题。研究数据协调在蒸汽管网流量测量系统中的实现过程。

据此绘制本书的研究路线,如图 1-5 所示。

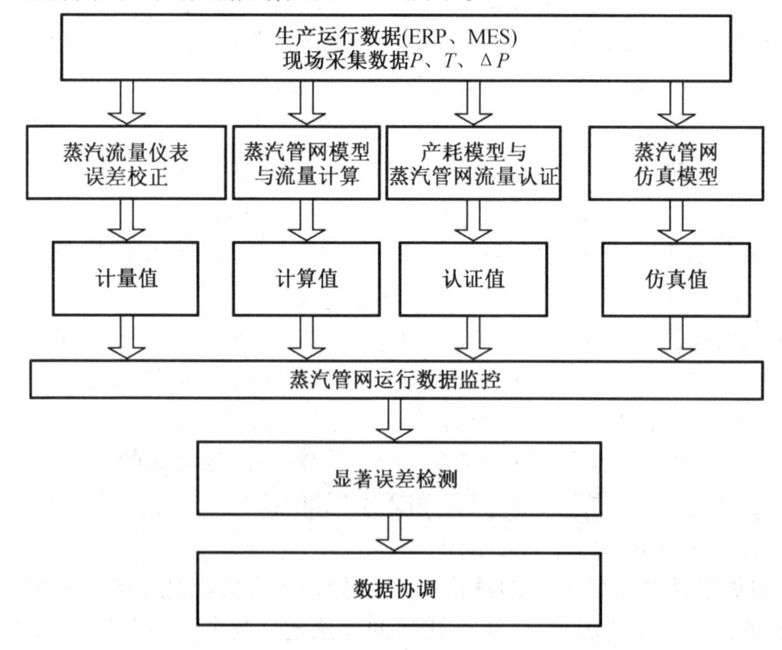

图 1-5　本书的研究路线

参 考 文 献

[1] 郜学,尚海霞. 中国钢铁工业“十二五”节能成就和“十三五”展望[J]. 钢铁,2017(7):9-13.

[2] 王新东,田京雷,宋程远. 大型钢铁企业绿色制造创新实践与展望[J]. 钢铁,2018(2):10-12.

[3] 张春霞,王海风,张寿荣,等. 中国钢铁工业绿色发展工程科技战略及对策[J]. 钢铁,2015,50(10):1-7.

[4] ARENS M, WORRELL E, EICHHAMMER W, et al. Pathways to a low-carbon iron and steel industry in the medium-term the case of Germany[J]. Journal of Cleaner Production, 2016(3):84-98.

[5] 娄湖山. 国内外钢铁工业能耗现状和发展趋势及节能对策[J]. 冶金能源,2007,26(2):7-11.

[6] 田敬龙. 中国十大钢铁企业能耗分析及节能工作建议[J]. 冶金能源,2007(6):3-7.

[7] ARENS M, WORRELL E. Diffusion of energy efficient technologies in the German steel industry and their impact on energy consumption[J]. Energy, 2014(73):968-977.

[8] 刘宏强. 首钢京唐钢铁公司绿色低碳钢铁生产流程解析[J]. 钢铁,2016(12): 80-88.

[9] 徐雪松,杨胜杰. 大数据背景下中国钢铁生产能源管控路径优化研究[J]. 工业技术经济,2017,36(1):32-40.

[10] 陆钟武. 我国钢铁工业吨钢综合能耗的剖析[J]. 冶金能源,1992(1):14-19.

[11] 孙凯,王刚. 钢铁企业智慧能源环境管控中心的构建和设想[J]. 冶金能源,2017(2):4-5.

[12] 吴溪淳. 关于今后我国钢铁工业发展战略的思考[J]. 中国钢铁业,2008(3):4-8.

[13] 杜涛,蔡九菊. 中国钢铁工业能源环境负荷分析及减负对策[J]. 中国冶金,2006,16(3):37-41.

[14] 魏子清,陈旭东,魏俊卿. 钢铁能源管理系统发展现状与展望[J]. 冶金能

源, 2017(2):8 -9.

[15] SUN W Q, CAI J J, LIU Y. Construction of energy management and control information system in iron and steel enterprise [M]. [S. I.]: Intelligent Computing and Information Science,2011.

[16] ZHANG Q, WANG X Y, ZHANG D W, et al. Development of energy management system in integrated iron and steel works[J]. Advanced Materials Research, 2011 (20):1 737 -1 740.

[17] ZHANG Q. Comprehensive assessment of energy conservation and CO_2 emissions mitigation in China's iron and steel industry based on dynamic material flows [J]. Applied Energy, 2018(5):251 -265.

[18] 郑忠, 黄世鹏, 李曼琛, 等. 钢铁制造流程的物质流和能量流协同优化[J]. 钢铁研究学报, 2016, 28(4):1 -7.

[19] 孙彦广, 梁青艳, 李文兵, 等. 基于能量流网络仿真的钢铁工业多能源介质优化调配[J]. 自动化学报, 2017(6):1 065 -1 079.

[20] 曾亮, 梁小兵, 欧燕, 等. 基于多目标—约束优化进化算法的能源综合调度[J]. 计算机集成制造系统, 2016(11):31 -35.

[21] AN R. Potential of energy savings and CO_2 emission reduction in China's iron and steel industry[J]. Applied Energy, 2018(2):862 -880.

[22] 柴天佑. 生产制造全流程优化控制对控制与优化理论方法的挑战[J]. 自动化学报, 2009,35(6):641 -649.

[23] 韩京宇, 徐立臻, 董逸生. 数据质量研究综述[J]. 计算机科学, 2007, 35 (2):1 -5.

[24] 梁吉胜, 李天阳, 王惠霞, 等. 基于约束的数据质量评估算法研究[J]. 科学技术与工程, 2012, 12(3):551 -554.

[25] 李红军, 秦永胜, 徐用懋. 化工过程中的数据协调及显著误差检测[J]. 化工自动化及仪表, 1997(2):25 -33.

[26] NAKASO. Performance of a novel steam generation system using a water -zeolite pair for effective use of waste heat from the iron and steel making process[J]. ISIJ International, 2015(2):448 -456.

[27] CHEN L, YANG B, SHEN X, et al. Thermodynamic optimization opportunities for the recovery and utilization of residual energy and heat in China's iron and steel industry: A case study[J]. Applied Thermal Engineering, 2015(86):151 -160.

[28] 张立宏, 蔡九菊, 杜涛, 等. 钢铁企业蒸汽系统的现状分析及改进措施

[J]. 中国冶金, 2007, 17(1):7-10.

[29] 张琦, 马家琳, 高金彤, 等. 钢铁企业煤气-蒸汽-电力系统耦合优化及应用[J]. 化工学报, 2018(7):149-158.

[30] 高金彤, 倪团, 张琦. 钢铁企业蒸汽动力系统多目标优化[J]. 冶金能源, 2018(1):3-8.

[31] JUN C, WEIGUO Z, HAI W. Study on optimal multi-period operational strategy for steam power system in steel industry[J]. Chemical Industry and Engineering Progress, 2017,36(5):1 589-1 596.

[32] 唐彤. 蒸汽流量计量浅析[J]. 河北建筑工程学院学报, 2002,20(2):43-45.

[33] 戴祯建. 减少蒸汽计量输差及存在问题的探讨[J]. 中国计量, 2003 (3):67-68.

[34] CROWE C M Y, CAMPOS Y A G, HRYMAK A N. Reconciliation of process flow rates by matrix projection. Part I: Linear case[J]. AIChE Journal, 1983, 29(6):881-888.

第2章　蒸汽管网的流量模型

钢铁企业蒸汽管网具有规模大、分布广、结构复杂的特点。数据模型有助于提升对管网状态监控的能力。不同角度的建模,使测量数据从不同的角度得到验证,以提高蒸汽管网测控数据的质量。

2.1　引　　言

蒸汽具有适用面广、输送所需外加动力消耗少、热惰性小等特点,在工业领域得到广泛应用。很多钢铁企业为了综合利用能源,通过大量回收余热余能获得蒸汽,这些蒸汽通过管网连接,传输给不同的用汽点。但如果蒸汽管网运行监控和调度不及时,就会引起蒸汽在管道中损耗大、蒸汽供需不平衡等问题,导致能源浪费。在企业进入信息化阶段,监控蒸汽管网系统在分布式网络中的瞬态压力分布,及时远程调度与调控蒸汽设施的运行,很大程度依赖在线测量仪表与数据。

钢铁企业蒸汽管网一般规模大、分布广,关联的生产环节多,监控其安全运行状态、及时发现管网泄漏和进行数据校正需要配置大量的在线流量测量仪表。但是由于成本和施工的问题,实际蒸汽管网的流量测量仪表数量较少。传统蒸汽流量检测设备的可靠性和精度不高,带来蒸汽管网调控不及时、蒸汽放散、计量纠纷等一系列问题。新型内锥差压式流量计虽在性能上有提高,但相关理论与应用还需要深入研究。蒸汽管网模型则可为解决这些问题提供新途径。

由于蒸汽在管网传输过程中受到沿途散热及管道阻力影响,其状态参数变化大,并伴随有相变,引起蒸汽的密度、黏度和摩擦阻力系数变化,使蒸汽管网的流量计算需要水力和热力耦合计算才能获得较高的精度。关于蒸汽管网计算的研究,国内外已有一些研究成果。水和蒸汽性质国际协会(IAPWS)于1997年公布了IAPWS-IF97公式(简称IF97公式),为水力和热力耦合计算提供了条件。S. Lorente和W. Wechsatol等对树状、环形和方形的热水和蒸汽管网进行分析比较,得出树状管网优于其他两种管网的结论，解决了管网结构选择的问题，然而很多生产场合考虑到安全性，采用环形管网结构。马广富等提出对可压缩流体的集总参数加权的水力建模方法，对管网整体求解提供了一种较为简单的思路；而赵钦等建立稳定蒸汽管网的水力学和热力学模型，使模型的合理性得到提高；田子平等人应用质量守恒、动量守恒和能量守恒三大方程联合求解；宋扬提出了蒸汽供热树状管网的动态水力学和热力学模型；张增刚等基于以上研究成果，提出蒸汽水力和热力耦合计算的方法。之后，人们开始关注蒸汽管网热损失对计算结果的影响、多个供汽源时蒸汽管网的流量计算等问题。这些研究对蒸汽管网动态理论做了有益的探索，但很少有人考虑管网状态变化，还需要在实际应用中进一步验证。蒸汽管网建模在解决实际问题中往往会遇到参数不明确、认证或验证困难的问题，通过将蒸汽管网向蒸汽源或用汽环节延伸，可有效提升蒸汽管网模型的可信度。针对钢铁企业各环节提出的认证模型是企业在解决计量纠纷时的重要依据。张威、陈才等人分别就蒸汽的发生环节、间歇用汽环节、连续用汽环节进行了研究。蒸汽在管网中传输时会有输差，李劲锋、张文伟等人分析了损失的原因及凝结水回收的方法。但是在本课题之前，没有系统论述钢铁企业生产环节蒸汽产生量和消耗量的建模与认证方案。

在利用模型进行变量求解方面，由于蒸汽管网水力学和热力学模型是非线性的，在计算过程中相互关联，且牵涉的变量、参数众多，在计算中需要初设待求的变量，然后迭代求解。宋扬、程芳真等简化了动态管网方程，并从理论上论证了在一定条件下非线性迭代的收敛性，但是并没有给出初始值的设定方法，计算可能因迭代的初始值设定不合理而失败。高鲁锋提出采用有限元的方法预设和迭代计算，但没有论证其收敛性。田子平等从系统集成的角度，分析了建模及其应用的思路，但没有就研究模型和应用中的问题做具体论述。

建模计算在研究领域可以使问题更明确，模型更接近真实情况，但在工程应用中对建模计算的掌握较为困难，实用性欠佳。方晓红、黄相农等介绍了蒸汽管网计算与智能监测软件的结构及应用方法，推动了蒸汽管网模型在管网设计、城市供暖实时计算等场合的应用。作者针对钢铁企业广泛应用的多蒸汽源管网流量计算的问题进行了研究，提出了建模与迭代计算的方法，一定程度解决了利用模型计算的问题。由于计算的结果与实测的情况往往存在一些差异，计算的结果只能作为设计与应用的参考。

2.2 蒸汽流量计量模型

提高蒸汽流量计量的精度是提高蒸汽管网数据质量的最直接途径。但是蒸汽流量计量在实际操作中存在仪表选择、安装、校正等多方面的问题,使流量的计量结果和实际差异较大,难以达到预期的目标。本节主要分析钢铁企业蒸汽管网流量计量的现状及误差产生的原因,论述提高流量计量精度的流量计量模型和流量迭代计算的方法。

2.2.1 蒸汽管网流量计量的现状

蒸汽一旦产生,无论是供大于求还是供不应求都会带来一些问题。只有合理优化调度蒸汽的生产和使用,才能稳定生产和提高能源利用效率,同时加强蒸汽能源成本核算,也能起到明显的节能效果。这些都需要以蒸汽流量精确计量为基础。

目前,钢铁企业的蒸汽流量计量普遍不准。2005 年 7 月在杭州“蒸汽准确计量技术研讨会”上了解到,石化、冶金、热电等行业蒸汽流量计量状况都很不理想:如有的单位“供需双方偏差达 45%,偏差在 20% 属于常有现象。同一管线上,三四种计量方式的数据都不一致”。国内大中型钢铁公司,一般都按照《用能单位能源计量器具配备和管理通则》(GB 17167—2006)制定了各种计量数据管理制度,对计量器具的配备、检定、维护等做了具体的要求,但是为了解决计量误差引起的管理问题,不得已还规定了发生计量纠纷时的解决办法。可见蒸汽流量计量问题的普遍性。

广泛应用于蒸汽流量计量的仪表主要有节流型差压式流量计、分流旋翼式流量计、涡街流量计三种类型。

1. 节流型差压式流量计(孔板、喷嘴、文丘里管、内锥)

节流型差压式流量计是基于流体流动的节流原理,采用导压管将流体在节流元件两侧产生的压力差传输给差压变送器,差压变送器测量到差压信号后将其转换成 4 ~20 mA 电流信号。流量计算器(或计算机)接收到来自变旁送器的电流信号后将其换算成流量,用数字的方式显示出当前的瞬时流量及累积流量。

2. 分流旋翼式流量计

分流旋翼式流量计的传感器是利用分流相似原理和节流原理设计的。当蒸汽流经传感器时,在孔板压差作用下,一部分蒸汽经喷嘴推动翼轮旋转,通过翼轮转速推算被测蒸汽的质量流量。

3. 涡街流量计

涡街流量计由传感器、连杆、漩涡发生器及表体组成。在测量管中垂直插入一个柱状物时,流体通过柱状物两侧可交替地产生有规则的漩涡,这种漩涡称为卡门涡街。实验及理论证明,卡门涡街频率与流体的流动速度成正比。这就是涡街流量计的工作原理。

4. 其他仪表

还有一些其他类型的流量计,如威力巴、阿牛巴流量计等。虽然有的文献中认为这些流量计有一定优势,但缺乏国际标准或国家标准的支持,属于强检计量器具,在实际应用中存在诸多困难。

图2-1为三种典型流量计的使用情况对比图,分别从精确度、可靠性、总成本、应用比例等方面进行相互对比。节流型差压式流量计的应用比例最高,但是其测量精确度、可靠性及在现场的使用情况都不理想。涡街流量计虽然表现出一些优势,但由于易受到管道振动的影响,在蒸汽温度高于320 ℃时易出现故障,在现场条件和选型安装等问题上存在难度,需要一个较长的推广过程。分流旋翼式流量计则由于旋转叶轮易于磨损,维护维修困难,实际应用范围有限。

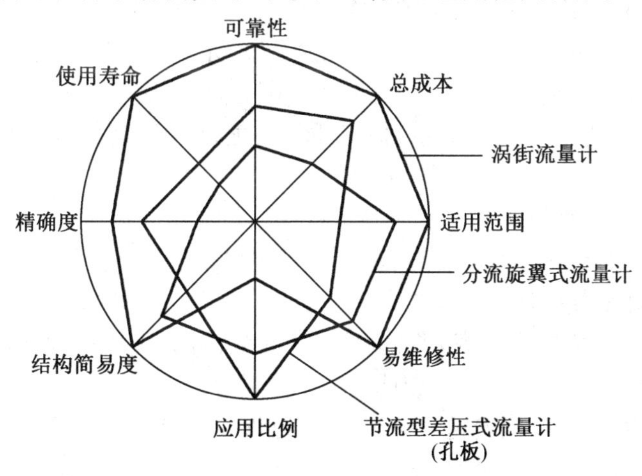

图2-1 三种典型流量计的使用情况对比图

节流型差压式测量技术发展成熟,尤其喷嘴(或孔板)有相应的国际标准和国家标准支持,且结构简单、造价低廉,耐高温和抗震性能好,所以对于大中型管道,如DN200 mm以上管道,多是采用一体化喷嘴差压式流量计,尤其是测量高压过热蒸汽的场合,全部采用一体化喷嘴差压式流量计。对于DN100 mm以下中小管道,除了一体化喷嘴差压式流量计以外，也有采用涡街流量计的。

一体化喷嘴差压式流量计和流量计算机构成的蒸汽计量系统克服了传统孔板流量计量程小、阻力损失大、容易变形、检定周期短、系统安装和维护复杂等缺点，在蒸汽流量计量方面已日趋成熟，在我国钢铁企业中得到了广泛应用。有些新建钢铁企业也开始研究和应用内锥式流量计，具体的应用效果还有待检验。

2.2.2 蒸汽流量计量误差产生的原因

造成蒸汽流量计量误差的原因很多，主要有以下几方面原因。

1. 流量仪表的性能差，问题多

当前钢铁企业采用孔板差压式流量计的较多，这种流量计量程比小（一般为3∶1），仪表的测量范围、工作条件与被测工质有偏差时，测量精度大幅度下降；孔板在使用中易磨损，孔板实际尺寸与流量计算公式不符导致误差进一步扩大；部件损坏、引压管堵塞等都影响孔板仪表的测量精度。市场上可供选择适用于蒸汽流量测量的其他仪表类型少，且存在制造困难、检验要求高、定期检定、价格昂贵等方面的问题。国内外新出现的内锥节流型流量计还需要在应用中检验。

2. 蒸汽流量测量仪表的检定技术缺乏，仪表检定困难

目前，蒸汽流量测量仪表的检定方法尚不完备。国内曾出现以蒸汽为工作介质的“蒸汽流量计量检定装置”，但后因实际困难都已停用。有人提议用压缩空气代替蒸汽对蒸汽流量计进行标定，但工质性质之间的区别使其可行性受到质疑。蒸汽流量计检定是蒸汽准确计量的主要障碍。

3. 仪表安装与维护不当引起误差

蒸汽流量测量仪表安装与维护不当也是蒸汽流量计量误差大的重要原因。据调查，在流量计安装中往往存在以下问题。

（1）流量计未完全按照国际标准的要求安装，直管段的尺寸、引压管的长度与位置等与安装要求有一定差距，因此造成测量误差。

（2）节流装置与差压变送器之间的引压管发生泄漏、堵塞、冻结及信号失真等，引起误差。

（3）节流器件入口边缘磨损，如不定期更换，将使测量精度降低。

4. 蒸汽的压力与温度变化引起的测量误差

蒸汽的密度、动力黏性系数、摩擦阻力系数、雷诺数等参数与压力和温度有重要关系。在流量计算中考虑压力温度对这些因素的影响，即温度压力补偿。多数仪表并没有完全按照标准要求实施温度压力补偿（或补偿误差过大），流量测量公式中与流量、温度、压力有关的系数被当成常数处理，从而引起测量误差。

实施温度压力补偿时,以下情况也是引起测量误差的因素。

(1)因压力与温度信号采集不当引起的误差

在压力变送器安装现场,为了维修方便,压力变送器安装地点与取压点往往不在同一高度,处在不同相对位置(图2-2),导压管中的冷凝液会对压力测量带来不同影响。

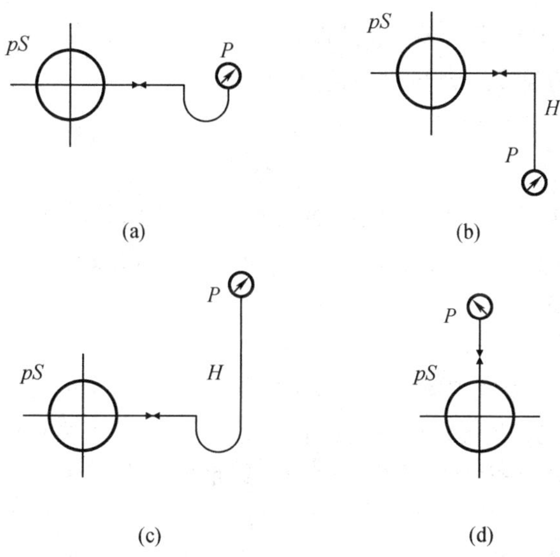

图2-2 压力变送器与取压点在不同相对位置时对压力测量值的影响

(a)$P=pS$;(b)$P=pS+\rho gH$;(c)$P=pS-\rho gH$;(d)无法确定

如果直接将压力测量值代入流量计算公式,势必引起误差,因此在使用流量计测量和校正数据时必须考虑到这一点。

在采集温度信号时,除了测温元件固有的误差之外,安装、接线的不规范也会引起温度测量误差。若将测温元件安装在不合理的取温点,其误差就会比较大。以热电阻的安装为例,常见的安装情况如图2-3所示。

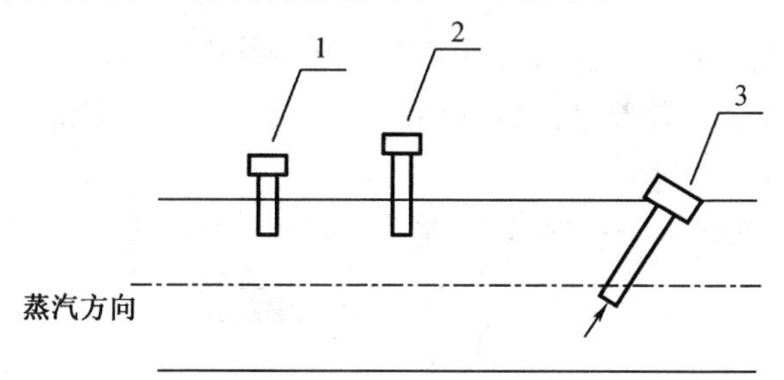

图2-3 热电阻常见的安装情况

第一种方式插入深度不够，第二种方式插入深度不够且暴露在环境温度的部分很长，第三种方式比较合理。实验证实，第一种方式比第二种方式测出的温度高 20 ℃左右，而第三种方式比第一种方式测出的温度高 10 ℃左右。因此在安装时，热电阻插入深度和管道外部分的长度要按热电阻安装说明进行，并将露出管外的部分保温。

(2)因温度压力补偿不当引起的误差

工程中简单的温度压力补偿公式为

$$q_m = q_{m0}\sqrt{\frac{T_0 p}{T p_0}} \tag{2-1}$$

用参考温度 T_0 和压力 p_0 及其对应的蒸汽密度计算得到流量 q_{m0}，再折算得到实际温度与压力下的流量 q_m。但式(2-1)基于理想气体状态方程推导而来，在工程应用中存在较大误差。

5. 水蒸气的汽液两相流

水蒸气中存在一定量的液体，在水蒸气传播中由于热量损失可能出现冷凝，有的冷凝水在蒸汽加热下又会重新汽化。所谓的干蒸汽在实际操作中是很难存在的。但是在计量中，一般都将两相流蒸汽看成是干蒸汽，就引起较大的计量误差。

除以上提及引起流量计量误差的因素外，在流量仪表的测量原理上，虽然国家标准对节流型流量计规定了使用方法及流量计算方法，但是没有专门针对蒸汽这种特定流体的具体规定。流量测量公式中的参数被当成常数处理，在一定程度上增加了产生误差的因素。为了尽量降低这种因素对误差的影响，本节将研究流量计的流量测量模型。考虑到一体化喷嘴和流量计构成的蒸汽计量系统在我国钢铁企业中逐步推广使用，在这里研究一体化喷嘴差压式流量计的流量测量模型。

2.2.3 一体化喷嘴差压式流量计的流量测量模型

由于一体化喷嘴差压式流量计在工程中逐步推广应用，其方案也日趋成熟，本书以一体化喷嘴差压式流量计为例阐述流量计误差校正的措施。

1. 测量原理

ISA 1932 喷嘴如图 2-4 所示，喷嘴差压式流量计的流量测量计算公式为

$$q_m = \frac{C\varepsilon}{\sqrt{1-\beta^4}}\frac{\pi}{4}d^2\sqrt{2\Delta p\rho_1} \tag{2-2}$$

式中 C——流出系数；

ε——可膨胀系数；

β——直径比,$\beta=\dfrac{d}{D}$;

Δp——入口与出口压力差,Pa;

ρ_1——入口处蒸汽密度,kg/m^3;

d、D——小直径与大直径,m。

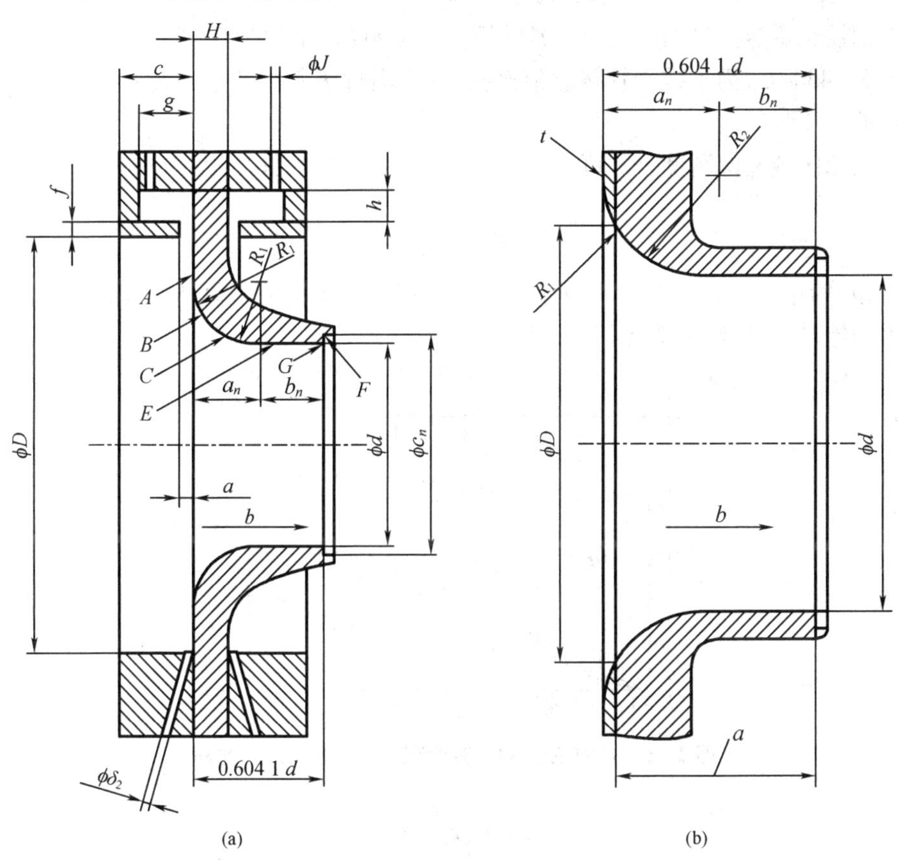

图 2-4 ISA 1932 喷嘴

(a)$d\leqslant(2/3)D$;(b)$d>(2/3)D$

2. 第一取压点(入口)蒸汽密度 ρ_1

蒸汽的密度随温度与压力的变化而不同,蒸汽的密度计算方法不当是引起蒸汽流量计量误差的主要原因。按照 IAPWS-IF97 公式得到的蒸汽密度公式才能保证测量精度。

IAPWS-IF97 是水和蒸汽性质国际协会于 1997 年 9 月新采纳的用于工业水和蒸汽热力性质计算的公式,替代了之前的 IFC-67 公式。IF97 公式是通过实验公式拟合得出的,在热力性质的计算精度和速度上都有了很大提高,且应用范围更广泛。该公式的计算模型覆盖了常规水区、常规蒸汽区、临界水区和蒸汽区、饱和区、超高温过热蒸汽区 5 个区域,每个区域都有不同的方程,如图 2-5 所示。计算模型适用于 273.15 K≤T≤1 073.15 K,p≤100 MPa 和 1 073.15 K≤T≤2 273.15 K,p≤10 MPa区间的水和蒸汽状态参数的计算。

钢铁企业蒸汽管网的蒸汽正常的压力温度范围:压力为 0.38 ~3.5 MPa,温度为 175 ~450 ℃,为了减少管路能量损耗,可采用过热蒸汽的形式传输。属于 IF97 公式的第 2 区。

在此区域蒸汽密度公式可以写成

$$\rho_1 = \frac{p_1}{ZRT} \tag{2-3}$$

式中,p_1 为第一取压点(入口)的蒸汽压力,MPa;R = 0.461 526 kJ/(kg · K);T 为蒸汽的绝对温度,K;Z 为蒸汽压缩因子。

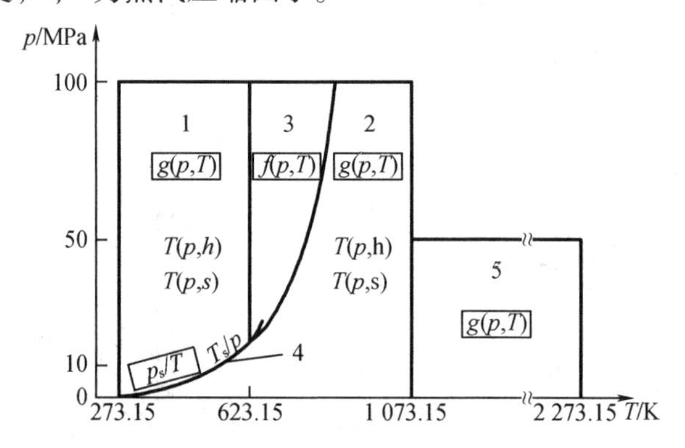

图 2-5 IF97 公式的计算模型覆盖的各区域和方程

$$Z = \pi(r_\pi^0 + r_\pi^r) \tag{2-4}$$

$$r_\pi^0 = \pi^{-1} \tag{2-5}$$

$$r_\pi^r = \sum_{i=1}^{43} n_i I_i (I_i - 1) \pi^{I_i - 2} (\tau - 0.5)^{J_i} \tag{2-6}$$

式中,$\pi = \frac{p_1}{p^*}$,p^* = 1 MPa;$\tau = \frac{T^*}{T}$,T^* = 540 K。式(2-6)中的系数与指数由书后附表 1 确定,为了方便使用者验证式(2-3)和式(2-4),提供的典型值对比值如下。

(1)T = 300 K,p = 0.003 5 MPa 时,ρ = 0.025 32 kg/m³。

(2)T = 700 K,p = 0.003 5 MPa 时,ρ = 0.010 83 kg/m³。

(3) $T = 700$ K, $p = 30$ MPa 时, $\rho = 184.2$ kg/m³。

用 IF97 公式计算得到的蒸汽密度误差小于 0.2%。另外，实验拟合公式和乌卡诺奇公式也可用于蒸汽密度计算，但其计算精度低于 IF97 公式，且适用范围都需要在实际应用中确认。

在计算蒸汽密度时，首先需要确认蒸汽温度和压力传感器的安装方式正确，避免因温度、压力测量误差较大而影响到蒸汽密度和流量的计算精度。

3. 流出系数 C

流出系数是不可压缩流体通过装置时实际流量与理论流量之间关系的系数。按照国际标准要求，ISA 1932 喷嘴在应用中符合以下条件时

$$50\ \text{mm} \leqslant D \leqslant 500\ \text{mm};\ 0.3 \leqslant \beta \leqslant 0.8 \tag{2-7}$$

且

$$0.3 \leqslant \beta < 0.44\ \text{时},\ 7 \times 10^4 \leqslant Re_D \leqslant 10^7 \tag{2-8}$$

$$0.44 \leqslant \beta \leqslant 0.8\ \text{时},\ 2 \times 10^4 \leqslant Re_D \leqslant 10^7 \tag{2-9}$$

其流出系数 C 可以用下式计算，即

$$C = 0.9900 + 0.2262\beta^{4.1} - (0.00175\beta^2 - 0.0033\beta^{4.5})\left(\frac{10^6}{Re_D}\right)^{1.15} \tag{2-10}$$

式中　Re_D——根据直径 D 计算出来的雷诺数。

上游管道雷诺数

$$Re_D = \frac{4q_m}{\pi\mu_1 D} \tag{2-11}$$

式中　q_m——质量流量，kg/s；

D——工作条件下上游管道内径，m；

μ_1——入口处动力黏滞系数，根据蒸汽的性质 $\mu_1 = \Psi(\delta,\tau)\eta^*$，与蒸汽的温度和压力值有关。

依式(2-10)得到流出系数的相对不确定度分别为 0.8($\beta \leqslant 0.6$)、$2\beta - 0.4$($\beta > 0.6$)。

4. 可膨胀系数 ε

可膨胀系数 ε 是考虑到流体的可压缩性所使用的系数，即可膨胀系数和流出系数的乘积才是蒸汽实际的流出系数。实验证实 ε 与雷诺数 Re_D 没有关系。对给定的一次装置，ε 只与压力比 τ 和等熵指数 k 有关，而等熵指数 k 与蒸汽的温度、压力有关。

$$\varepsilon = \sqrt{\left(\frac{k\tau^{2/k}}{k-1}\right)\left[\frac{1-\beta^4}{(1-\beta^4\tau^{2/k})}\right]\left[\frac{1-\tau^{(k-1)/k}}{1-\tau}\right]} \tag{2-12}$$

式中 τ——压力比，$\tau=\dfrac{p_2}{p_1}$；

k——等熵指数。

5.流量的迭代计算

流量计算实质上就是将参数和压力差代入式(2－2)计算的过程。但是式(2－2)右边的流出系数、可膨胀系数均与流量有关，且不能直接写出流量的解析式。因此流量的计算采用迭代算法，如图2－6所示。流量的迭代算法的原理如下。

第一步，分别读取节流装置参数和测量变量的值β、D、Δp、p、T。

第二步，分别计算对应的参数k、μ、ε。

第三步，分别预设流量的初始值为q_{m1}、q_{m2}，计算对应的Re_D、C的流量的计算值q'_{m1}、q'_{m2}，预设值与计算值之差$\delta m(1)=q_{m1}-q'_{m1}$，$\delta m(2)=q_{m2}-q'_{m2}$。

第四步，从$i=1$开始，按式(2－13)更新预设流量的初始值，并按第三步的方法进行迭代计算。

$$q_{m(i+2)}=q_{m(i+1)}-\frac{q_{m(i+1)}-q_{m(i)}}{\delta m(i+1)-\delta m(i)}\delta m(i+1) \tag{2-13}$$

第五步，取ξ为迭代计算精度，当$|\delta m(i+2)|\leqslant\xi$时，停止迭代计算，并输出最后的流量计算值即为测量值。否则返回第四步的迭代计算。

本节研究了蒸汽管网流量计量的现状，分析了产生蒸汽流量计量误差的原因。针对将一体化喷嘴差压式流量计应用于蒸汽计量的问题，提出应用IF97公式以获得更精确的蒸汽密度、流出系数和可膨胀系数，并采用流量迭代计算方法最终获得较高精度的蒸汽流量计量值。

研究表明，除了温度、压力传感器本身的误差之外，当前仪表的性能差、缺乏用于蒸汽流量计量的检定方法和装置、仪表的安装维护不当、温度压力补偿存在的问题及蒸汽本身的复杂性质等问题是影响测量精度的重要因素。

从一体化喷嘴差压式流量计测量原理的角度分析，IF97公式提供了蒸汽的精确性质参数，能推导出准确的蒸汽密度、流出系数和可膨胀系数，结合流量的迭代计算，即能得到较高精度的蒸汽流量计量值。考虑到计算的复杂性和测量的实时性要求，有必要采用一体化喷嘴差压式流量计和计算装置共同组成的流量计量系统。

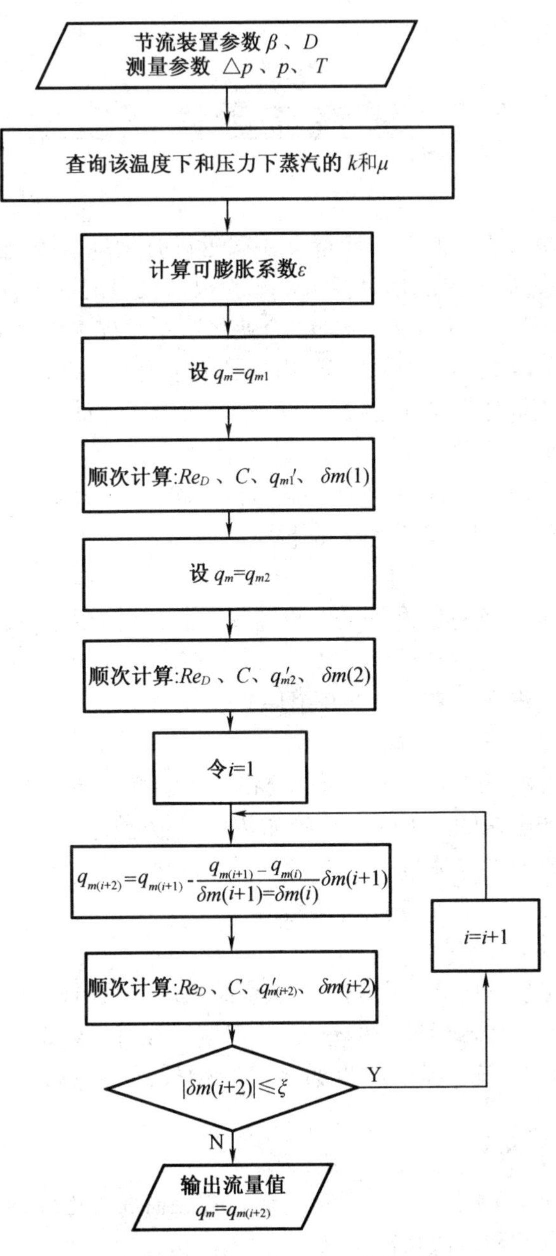

图 2-6 流量的迭代计算框图

2.3 蒸汽流量认证模型

钢铁企业能源或物料的自动计量设备在运行时发生故障,会导致计量数据缺失。企业为了解决这一问题,由计量人员每天根据仪表记录的曲线、计量管理规范和经验,对仪表计量数据进行人工修正,企业将这一过程称为认证。针对人工认证会出现不客观、不及时、不准确的问题,出现了关于模型自动认证的研究。

传统的蒸汽流量计量认证是按停计时间的长短用停计前流量的平均值补全停计期间的流量数据。这种方法太粗糙,极易引起计量纠纷。本书研究了连接到蒸汽管网的三个典型环节,根据产生或消耗蒸汽的机理,综合影响蒸汽产生和消耗的因素,分别建立每个环节蒸汽流量认证模型。

2.3.1 钢铁企业蒸汽的产生与使用量的总体平衡设计

钢铁企业的蒸汽主要来自以下几个环节。

1. 干熄焦余热发电(干熄焦)

干熄焦余热发电是指利用与红焦热交换产生的高温烟气驱动汽轮发电机组进行发电。焦炉生产出来的约 1 000 ℃的赤热焦炭被运送入干熄炉,在冷却室内与循环风机鼓入的冷惰性气体进行热交换。惰性气体吸收红焦的显热,温度上升至 800 ℃左右,经余热锅炉产生高压过热蒸汽。

2. 烧结余热发电(烧结)

具有较好回报价值的烧结余热是指从烧结机尾部风箱排出的废气及热烧结矿在冷却机前段受空气冷却后产生的热废气,温度一般可达到 300 ~ 400℃,烧结余热发电是指将烧结机生产过程中产生的高温废烟气,经余热锅炉产生中低压过热蒸汽。

3. 转炉余热(炼钢)

转炉汽化冷却烟道间歇产生的蒸汽,通过蓄能器变为连续的饱和蒸汽,采用机内除湿再热的多级冲动式汽轮机发电。

4. 加热炉余热(轧钢)

加热炉有两处余热可以利用:一处是炉内支撑梁的汽化冷却系统,另一处是烟道高温烟气。汽化冷却系统可生产 0.4 ~ 1.0 MPa 的饱和蒸汽。

5. 煤气－蒸汽联合循环发电(启动锅炉、自备电厂)

利用高炉煤气和焦炉煤气作为能源发电,煤气先在燃气透平中燃烧发电,燃气透平排出的高温烟气再在余热锅炉里产生蒸汽。

煤气－蒸汽联合循环发电是为蒸汽供需平衡而专门设计的生产环节。

在钢铁企业,几乎每个生产环节都需要消耗大量的蒸汽。尤其有些企业为了减少水资源消耗,净化海水供生产使用,更需要消耗大量的蒸汽。

在设计上,按照分期建设的要求,确定正常生产条件下各个生产工艺环节的蒸汽产生量(产汽量)与蒸气消耗量(耗汽量),并在合理考虑损耗的前提下,实现总体的供需平衡。表 2－1 为某钢铁公司一期工程蒸汽供需总体平衡设计。

表 2－1　某钢铁公司一期工程蒸汽供需总体平衡设计　　单位:t/h

焦化化产		干熄焦		生活设施	制氢	柜区	高炉	烧结	
产汽量	耗汽量	抽汽量	耗汽量	耗汽量	耗汽量	耗汽量	耗汽量	产汽量	耗汽量
0	50	80	20	5	2	5	30	80	20
炼钢		热轧 2250		热轧 1580		冷轧 1700	冷轧 2230	球团	
产汽量	耗汽量	产汽量	耗汽量	产汽量	耗汽量	耗汽量	耗汽量	耗汽量	耗汽量
90	160	30	4	30	13	20	30	10	10
换热站	海水淡化	启动锅炉		自备电站		130 t/h 锅炉			损失
耗汽量	耗汽量	产汽量	耗汽量	抽汽量	耗汽量	产汽量	耗汽量		耗汽量
80	170	70	6	0	0	275	10		20

注:如为夏季,换热站制冷所需蒸汽量为 10 t/h。

蒸汽的供需平衡设计值是生产中常见的状态,因而将其作为各个生产工艺中蒸汽产生量与消耗量模型的基值。实际生产中蒸汽的即时产生量、消耗量与累积值推算模型将建立在基值的基础上。在实际钢铁生产中,首先要用掉这些余热蒸汽。当出现蒸汽不够用时,通过减少干熄焦余热发电补充蒸汽量的不足,以煤气－蒸汽联合发电作为稳定蒸汽生产的基础和后备调节手段。

2.3.2　蒸汽产生量的认证模型

钢铁企业为了能稳定地提供生产所需的蒸汽,采用煤气－蒸汽联合循环发电(启动锅炉、自备电厂),并设有蒸汽锅炉。其余蒸汽主要来自余热回收(如烟气显热、产品显热、渣显热回收等),其主要回收装置为余热锅炉和汽化冷却设备。针对这两种设备分别建立认证模型。

1. 稳定汽源蒸汽产生量的认证模型

蒸汽锅炉(如表2-1中的启动锅炉、130 t/h锅炉)为稳定汽源,生产时在有限的小范围内调节。

根据蒸汽锅炉的质量平衡可以得到

$$F_W(t)-F_b(t)=\frac{d}{dt}(v_s\rho_s+v_w\rho_w) \tag{2-14}$$

式中 F_W——锅炉加水流量,kg/h;

F_b——锅炉蒸汽产生量,kg/h;

v_s——汽包中蒸汽的体积,m^3;

v_w——汽包中水的体积,m^3;

ρ_s——汽包中蒸汽的密度,kg/m^3;

ρ_w——汽包中水的密度,kg/m^3;

t——时间,h。

设蒸发系统为饱和状态,各处压力与汽包压力相同,记压力为p(单位MPa),且汽包中的温度、密度都是压力的函数,则有

$$\frac{d\rho_w}{dt}=\frac{d\rho_w}{dp}\frac{dp}{dt},\frac{d\rho_s}{dt}=\frac{d\rho_s}{dp}\frac{dp}{dt} \tag{2-15}$$

由于$v_s+v_w=V$(汽包的容积),则有

$$\frac{dv_w}{dt}=-\frac{dv_s}{dt} \tag{2-16}$$

将式(2-15)和式(2-16)代入式(2-14)得

$$F_b(t)=F_W(t)-\left[\left(v_w\frac{d\rho_w}{dp}+v_s\frac{d\rho_s}{dp}\right)\frac{dp}{dt}+(\rho_w-\rho_s)\frac{dv_w}{dt}\right] \tag{2-17}$$

虽然结合IF97公式,利用式(2-15)可推算出锅炉蒸汽产生量,但是牵涉的变量多,计算麻烦。考虑锅炉在稳态工作时,汽包压力变化很小,饱和水的密度和蒸汽的密度变化不大,式(2-15)可简化为

$$F_b(t)=F_W(t)-(\rho_w-\rho_s)\frac{dv_w}{dt} \tag{2-18}$$

汽包中水的体积和液位有关,记汽包的液位为h(单位m),液面在该处的截面积$S(h)$(单位m^2),当h变化不大时,令

$$S(h)=S_0 \tag{2-19}$$

$$k=(\rho_w-\rho_s)S_0 \tag{2-20}$$

则有

$$F_b(t)=F_W(t)-k\frac{dh}{dt} \quad (2-21)$$

式(2-19)、式(2-20)、式(2-21)即为锅炉蒸汽产生量模型。针对这一模型,需要指出的是锅炉的出汽压力、温度要基本稳定,且汽包的液位缓慢变化。否则需要重新确定模型的结构和参数 k。

以一台启动锅炉为例,额定蒸汽产量为 35 t/h。该锅炉通过燃烧控制压力恒值运行,输出蒸气压力设定值为3.0 MPa,温度设定值为300 ℃,对应的水和蒸汽的密度分别为 $\rho_w=810\ kg/m^3$,$\rho_s=12.31\ kg/m^3$,如图2-7所示。

图2-7中 F_W 为加水流量,F_{bm}、F_b 分别代表启动锅炉蒸汽产生量的测量值与认证值,h 采用锅炉基准液位的相对液位。图2-7表明采用锅炉蒸汽产生量模型得到的认证值与测量值的变化趋势一致,且差别较小。

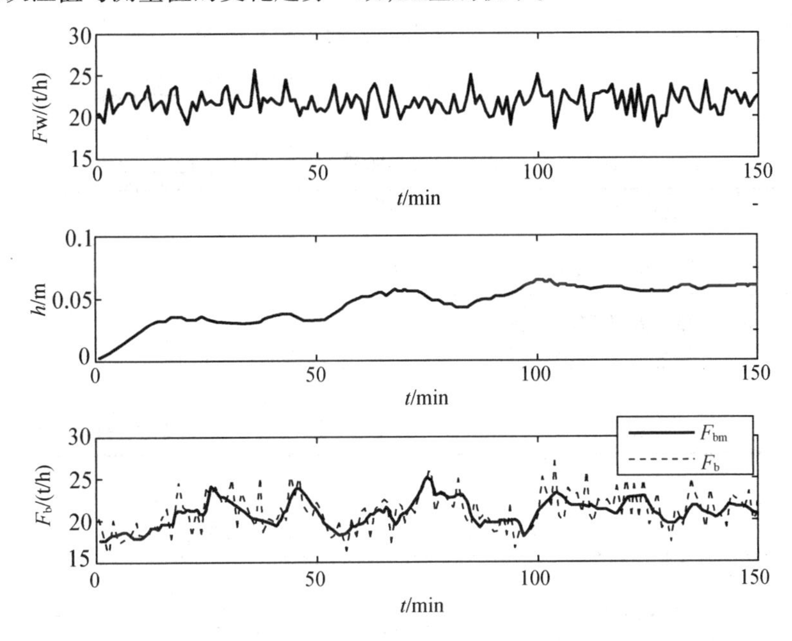

图2-7 启动锅炉蒸汽产生量认证模型测试

锅炉蒸汽产生量模型用锅炉的加水流量、锅炉的液位实时数据为条件推算锅炉的蒸汽产生量,显然比用历史数据填补实时数据的方法更有说服力。另外,对加水泵的流量和液位的测量方法很多,测量精度高于蒸汽流量,因此锅炉蒸汽产生量模型可作为稳定汽源蒸汽产生量的认证模型。

虽然要求蒸汽温度、压力缓变的模型与实际运行时的流量变化会有差异,但是过渡过程的时间相对稳定,运行持续时间显得很短;而流量计量时主要考虑流量的累积值,动态变化过程对累积值结果的影响很小。锅炉蒸汽产生量的累积值为

$$Q_{\mathrm{b}}(t) = Q_{\mathrm{b}}(kT) = \int_0^t F_{\mathrm{b}}(t)\mathrm{d}t \approx \sum_{i=0}^{k} F_{\mathrm{b}}(kT)T \tag{2-22}$$

式中 t——累积计量的时间;

T——数据采集周期;

k——当前采集周期的序号。

因干熄焦也通过锅炉产汽,以上模型对干熄焦产汽量估算同样适用。

2. 余热回收汽源蒸汽产生量的认证模型

钢铁企业回收余热产生蒸汽主要有干熄焦、烧结、炼钢、轧钢这几个环节。每个工序环节均有其特点(干熄焦前面已经考虑),在建立模型时,要全面考虑每个环节中与蒸汽产生量有关的因素。表 2-2、表 2-3 和表 2-4 分别为烧结环冷机-余热锅炉、炼钢汽化冷却系统、轧钢加热炉汽化冷却系统蒸汽产生量。

表 2-2　烧结环冷机-余热锅炉蒸汽产生量

序号	项目名称	生产经验值	备注
1	蒸汽压力/MPa	0.78~1.27	
2	蒸汽温度/℃	200~230	
3	每吨烧结矿产汽量/(kg/t)	50	
4	平均产汽量 /(t/h)	30(2 台)	烧结机或锅炉停产时为 0

表 2-3　炼钢汽化冷却系统蒸汽产生量

序号	项目名称	双联冶炼(经验值)		备注
		脱磷转炉	脱碳转炉	
1	冶炼周期/min	26	31	
2	每炉钢产汽量/(吨/炉)	21~30		设计值 20~40
3	吨钢蒸汽回收量/(kg/t)	70~100		目前 80,完善 90
4	平均产汽量/(t/h)	46		

表 2-4 轧钢加热炉汽化冷却系统蒸汽产生量

序号	项目名称	生产经验值	备注
1	加热炉额定生产能力/(t/h)	350	
2	吨钢蒸汽回收量/(kg/t)	30	
3	平均产汽量/(t/h)	10.0	绝热层完好时
		15.0	绝热层脱落 10% 时

通过对以上工序综合分析,发现这类工序中的与蒸汽产生量有关的因素包括设备台套数、设备是否运转(检修或停产)、每台设备实际生产负荷、回收蒸汽流量的经验数据、实际回收率、设备绝热状况等。依此可定义参数和变量,充分考虑每种工序的情况,建立适于用本类工序统一的蒸汽产生量认证模型。

设该工序余热回收设备有 N 台,则该工序的余热蒸汽产生量可以记为

$$F_r(t) = \sum_{i=1}^{N} k_i F_i(t) \tag{2-23}$$

式中 $F_i(t)$——第 i 台设备的蒸汽产生量,t/h;

k_i——第 i 台设备蒸汽产生量进入管网的比例系数。

进入蒸汽管网的比例系数要考虑到有部分蒸汽放散、管网中损耗和旁路。

定义 2-1 蒸汽回收设备的运转状态 S_1,指该工序的蒸汽回收设备是否在运行。

$$S_1 = \begin{cases} 1 & (\text{运行}) \\ 0 & (\text{停用}) \end{cases} \tag{2-24}$$

定义 2-2 生产设备负荷系数 r,指设备实际单位时间产量与设计单位时间产量值之比。

$$r = \frac{\text{实际单位时间产量}}{\text{设计单位时间产量}} \tag{2-25}$$

定义 2-3 基准蒸汽回收率 q_r,指该生产工序在单位时间产量为设计值(或实际生产的经验值),且生产设备与生产状态正常时单位时间回收蒸汽的平均值。

根据定义,易于找到与烧结、炼钢、轧钢的基准蒸汽回收率对应的数值。由于生产过程中实际回收的蒸汽量会随生产进程发生变化,因此需要定义蒸汽回收系数。

定义 2-4 蒸汽回收系数 q_α,指该生产工序蒸汽回收设备在单位时间产量为设计值时,蒸汽的实际回收率与基准蒸汽回收率 q_r 之比。

$$q_\alpha = \frac{\text{蒸汽实际回收率}}{q_r} \tag{2-26}$$

对于间歇式生产过程（炼钢），蒸汽回收系数 q_α 变化范围比较大，但由于它按周期变化，按照生产的实际情况，按一定的采样间隔得到该周期不同时刻的回收系数表，将其作为一组常数应用。

对于连续生产过程，q_α 波动范围较小，可以当成近似为 1 的常数处理。

定义 2－5 设备附加系数 λ，即当前设备维护状态的蒸汽回收率（单位时间回收的蒸汽量，t/h）同正常设备维护状态下蒸汽回收率之比。

设备附加系数用于描述设备状态变化对蒸汽回收的影响，如轧钢加热炉绝缘层对蒸汽回收量的影响。该系数属于缓变量，根据设备使用时间做出修正。

基于以上定义，不难得出对于第 i 台余热回收设备的蒸汽产生量为

$$F_i(t) = \lambda_i(t) S_{1i}(t) r_i(t) q_{\alpha i}(t) q_{ri} \tag{2-27}$$

式中，下标 i 表示当前工序的第 i 台设备，由于每台设备的参数和变量都不同，用下标以示区分；t 为时间，考虑定义的参数或变量可能随时间发生变化，故写成 t 的函数。

由于统一模型综合考虑了烧结、炼钢、轧钢三种工序的特点，对三种工序同样适用。下面以炼钢为例说明模型的用法。

以双联的脱磷脱碳转炉的汽化冷却系统为例，两个转炉同步工作，冶炼周期为 26～31 min（表 2－3）。将两个转炉的余热回收设备按单台设备处理。图 2－8 为炼钢回收蒸汽流量。从图 2－8 中可以看出，蒸汽流量表现出明显的规律性。

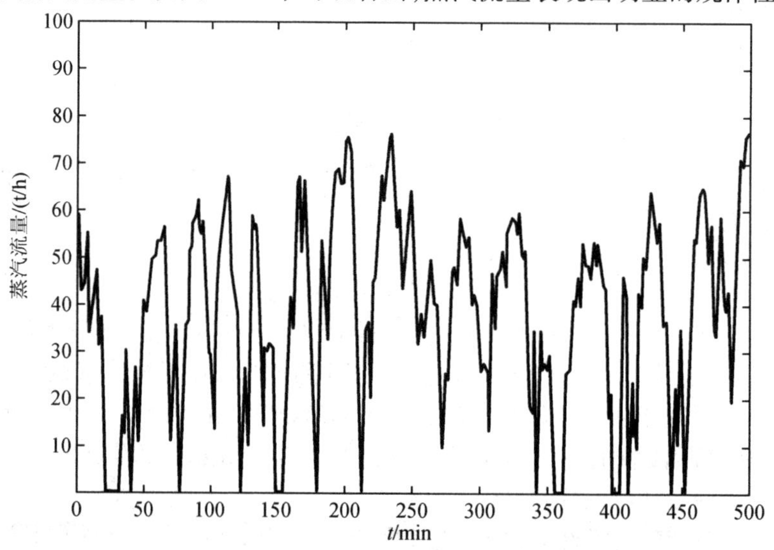

图 2－8 炼钢回收蒸汽流量

S_1：转炉和蒸汽回收设备运转状态，运转时取 1，按照 30 min 一个周期（多次冶

炼时间的平均值)完成时变为0,再运转时置1;

r:正常生产时,设备负荷系数为1;

q_r:基准蒸汽回收率按照经验,平均值为46 t/h;

λ:设备附加系数,按设备正常取值为1;

q_α:蒸汽回收系数,从比较规则的多个周期的产汽量曲线中按每分钟采样一次,然后将每个周期对应时间的数值相加取平均,再除以 q_r,得到长度为30的回收系数序列。炼钢蒸汽回收系数序列见表2-5。

表2-5 炼钢蒸汽回收系数序列

序号	1	2	3	4	5	6	7	8	9	10
q_α	0.08	0.13	0.16	0.22	0.39	0.55	0.62	0.69	0.76	0.98
序号	11	12	13	14	15	16	17	18	19	20
q_α	1.00	1.05	1.08	1.10	1.22	1.31	1.28	1.22	1.21	1.17
序号	21	22	23	24	25	26	27	28	29	30
q_α	1.13	1.07	0.92	0.85	0.69	0.58	0.46	0.41	0.39	0.22

这样根据 S_1 的变化,按式(2-27)和回收系数序列就能推算炼钢汽化冷却系统产生蒸汽的实时流量。图2-9对比了测量值与本书方法的认证值变化曲线,图中 F_{stm} 代表炼钢汽化冷却系统产生蒸汽流量的测量值,F_{st} 代表其认证值。

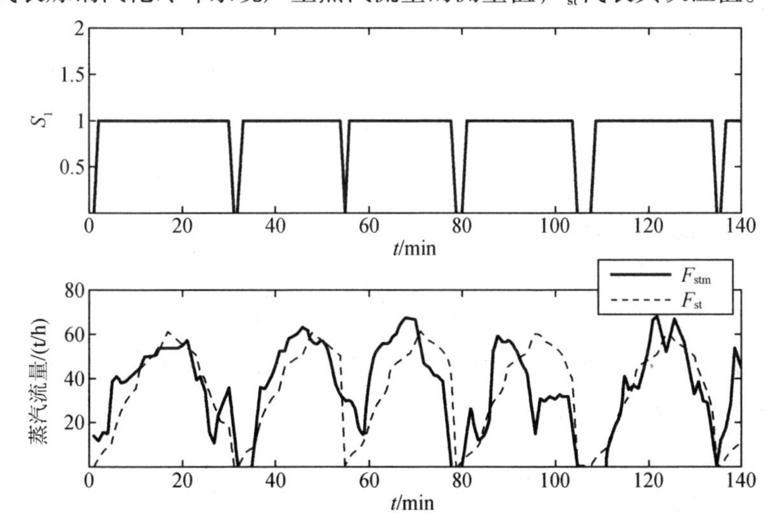

图2-9 炼钢回收蒸汽流量认证模型测试

从图 2－9 中可以看出，认证值与测量值基本吻合，能够提供实时的即时流量数据，明显比按照炼钢的质量和吨钢回收蒸汽量推算出累积蒸汽量的方法精确。需要指出，经验模型在建立过程中没有考虑动态过程，且忽略了压力和温度变化的因素，因此模型的精度与动态性都不高。但由本模型能在该工序点流量仪表出现故障时为管网监控、平衡调度及计量提供后备数据，因此这种模型具有实用价值。

累积蒸汽回收量的值则写成

$$Q_r(t) = Q_r(kT) = \int_0^t F_r(t)\,\mathrm{d}t \approx \sum_{i=0}^{k} F_r(kT)T \tag{2-28}$$

式中 t——累积计量的时间；

T——数据采集周期；

k——当前采集周期的序号。

2.3.3 蒸汽消耗量的认证模型

在钢铁企业蒸汽管网中，需要消耗蒸汽的生产工序很多。当该工序蒸汽用量的计量仪表不准确或损坏时，在企业里没有很好的认证方法，一般采用经验或按往年同期的历史数据由人工认证本期的蒸汽使用量。但是根据调研发现，其实每个用汽环节都可以按设备用户分解。以焦化工序为例，表 2－6 为焦化蒸汽消耗量，列举了采用焦化工艺的主要用汽作业区每个设备用户的蒸汽基本用量和影响因素。

表 2－6 焦化蒸汽消耗量

序号	用户名称	用途	工作小时数		蒸汽消耗量/(t/h)				备注
			一天	一年	0.4～0.6 MPa		1.2 MPa		
					连续	间断	连续	间断	
一	炼焦生产用蒸汽								
1	煤气预热器、空气预热器等	加热	24	8 760	5.3				
2	熄焦清水槽保温	保温	24	3 096	0.3				冬季用
3	煤塔漏煤保温	保温	24	3 096	0.55				冬季用
4	集气系统自动放散、装煤抽吸							10	事故
二	冷凝鼓风作业区								
1	设备及管道清扫	清扫	2	730		2			

表 2－6(续)

序号	用户名称	用途	工作小时数		蒸汽消耗量/(t/h)				备注
			一天	一年	0.4～0.6 MPa		1.2 MPa		
					连续	间断	连续	间断	
2	储槽加热	加热	24	8 760	1.5				
3	蒸汽伴随管	加热	24	8 760	0.5				
4	氮气加热器	加热	24	8 760	0.2				
三	硫铵作业区								
1	煤气预热器	加热	24	8 760	1.5				
2	空气加热器	加热	12	4 380		4			
3	氨水蒸馏塔	加热	24	8 760	5		5		
4	设备及管道清扫	清扫	1	365		1			
四	终冷洗苯作业区								
1	管道、设备清扫	清扫	2	730		1			
五	脱硫制酸作业区								
1	脱硫制酸作业区	加热	24	8 760	1.6				
六	粗苯蒸馏作业区								
1	脱苯塔	蒸馏	24	8 760	5.5				
2	储槽及管道保温	保温	24	8 760	1.0				
3	设备及管道清扫	清扫	2	730		0.5			
七	油库作业区								
1	焦油储槽	加热	24	8 760	3				
2	洗油储槽	加热	24	8 760	0.4				
3	精重苯储槽	加热	24	8 760	0.4				
4	碱储槽	加热	24	8 760	0.4				
5	设备,管道清扫	清扫	1	365		0.5			
八	酚氰污水处理站	加热	4	1 460		2			
九	备煤采暖		24	3 096	5				冬季用
十	溴化锂制冷站		24	6 480	17.8～18				

通过对表 2－6 进行分析,发现影响各用户蒸汽用量的因素主要有基本用量

(平均用量)、使用制度(连续还是间断)、季节、生产状况等。由于较多的用户没有接流量计,因而使用蒸汽的实时流量只能用生产状态估算。

针对消耗蒸汽的环节,其蒸汽消耗量为该环节各用户消耗量之和。设某环节的蒸汽共有 M 个用户,则有

$$F_c(t) = \sum_{i=1}^{M} F_i(t) \tag{2-29}$$

式中 $F_i(t)$——第 i 台用汽设备的实时用汽量。

为了确定该变量,定义以下参数。

定义 2-6 蒸汽使用状态 S_2,指蒸汽用户当前是否在使用蒸汽的状态。

$$S_2 = \begin{cases} 1 & (\text{使用}) \\ 0 & (\text{不使用}) \end{cases} \tag{2-30}$$

定义本参数主要针对设备的使用制度、检修等因素对蒸汽用量的影响。

定义 2-7 基本蒸汽用量 F_0,指当前蒸汽用户在全年用汽量较大的季节时使用蒸汽的平均流量。

定义本参数的目的是确定蒸汽用户使用蒸汽流量的基准值。实际用量都以这个值为基础做出修正。

定义 2-8 季节因子 s,指当前蒸汽用户处于当前季节蒸汽的平均流量与用汽量较大季节蒸汽的平均流量之比。

$$s = \frac{\text{当前季节蒸汽的平均流量}}{\text{用汽量较大季节蒸汽的平均流量}} \tag{2-31}$$

定义本参数主要针对有些设备不同季节使用蒸汽流量相差较大的情况。

定义 2-9 蒸汽消耗系数 F_α,指该生产工艺的蒸汽使用设备在单位时间产量为设计值时,实际蒸汽用量与基本蒸汽用量 F_0 之比。

$$F_\alpha = \frac{\text{实际蒸汽用量}}{F_0} \tag{2-32}$$

对于间歇式生产过程(如炼钢 RH)或间断式用汽,蒸汽消耗系数 F_α 在不同的阶段时取值变化大,可按炼钢冷却汽化系统产汽的方法,按一定的采样间隔得到该周期不同时刻的回收系数表,将其作为一组常数应用。

对连续生产过程,F_α 波动范围较小,可以将 F_α 当成近似为 1 的常数处理。

基于以上定义,得知某消耗蒸汽工序点的第 i 台设备消耗蒸汽的流量为

$$F_i(t) = S_{2i}(t)s_i(t)F_{\alpha i}(t)F_{0i} \tag{2-33}$$

式中,下标 i 表示当前工序的第 i 台设备;t 为时间,考虑到定义的参数或变量可能随时间发生变化,故写成 t 的函数。

以焦化工艺为例,应用该模型的方法如下。

(1)分析焦化工艺用汽环节共有10处,用汽的设备用户合计25个。

(2)核定当前连续用户的蒸汽消耗系数 F_{α} 及基本蒸汽用量 F_0。

(3)将其中的连续使用用户的基本用量直接相加(S_2、s 相同),如生产与设备情况正常,即合计为50 t/h。

(4)根据当前季节、设备的使用情况核定间断使用设备的用汽量。

(5)按照式(2-29)合成(3)和(4)的结果,即为当前焦化工艺消耗蒸汽总流量。

与前述情况类似,每台设备的参数和变量都有所不同。

$$Q_c(t) = Q_c(kT) = \int_0^t F_c(t)\mathrm{d}t \approx \sum_{i=0}^{k} F_c(kT)T \tag{2-34}$$

式中 t——累积计量的时间;

T——数据采集周期;

k——当前采集周期的序号。

本节通过分析钢铁企业蒸汽产生和消耗的过程,重点考虑对蒸汽的产生量与消耗量影响大的一些因素,分别建立钢铁企业中连接到蒸汽管网的各工艺的蒸汽产生量或消耗量的认证模型。借助这些模型,一方面在蒸汽流量仪表故障时能为蒸汽供应量与需求量预测、平衡调节和优化控制提供后备数据支持。另外,在蒸汽流量计量中,具有判定仪表是否正常、补全缺失的数据、校正长期存在固定测量偏差仪表的作用。

2.4 蒸汽管网流量计算模型

本节结合已有的研究成果,应用蒸汽管网的水力学和热力学方程,建立对应的管网模型,拟解决在蒸汽管网的汽源和用户等外节点压力温度已知时,各管段蒸汽质量流量计算的问题。这对蒸汽管网运行状态实时监控和管网流量计量数据校正都有重要意义。

2.4.1 蒸汽管网的水力学和热力学方程

实际中为了减少沿程损耗,管网中的蒸汽为过热蒸汽。在推导其模型时按以下三个条件简化。

(1)蒸汽在管网中是沿轴向一维流动。

(2)蒸汽管网由节点和支路构成,节点分为内节点和外节点,内节点为管网的分叉点,外节点是供汽点、用汽点或换热站。

(3)不存在二次蒸汽,冷凝水不对蒸汽热力性质造成影响。

按照能量守恒、动量守恒和质量守恒方程能得到以下方程。

1. 单管段水力学和热力学方程

(1)单管段水力学方程

水力学方程描述蒸汽管段流量与压力损失之间的关系。图 2-10 为单根蒸汽管道及各物理量标识图,标出了蒸汽流经单管时各物理量的位置关系。

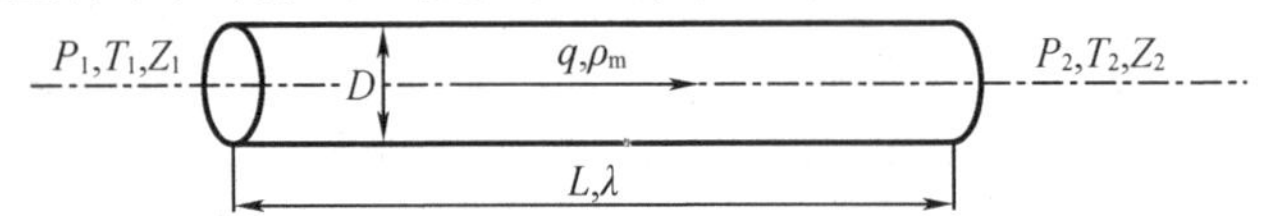

图 2-10 单根蒸汽管道及各物理量标识图

根据动量守恒原理,并将单位换算成工程中常用的单位后,水力学公式写成

$$P_1^2 - P_2^2 = 1.25 \times 10^8 \frac{\lambda q^2 P_1 T_2 Z_2 L}{D^5 \rho_m T_1 Z_1} \tag{2-35}$$

式中 P_1、P_2——管段入口压力和出口压力,MPa;

T_1、T_2——入口绝对温度和出口绝对温度,K;

Z_1、Z_2——蒸汽的压缩因子;

λ——蒸汽管道的摩擦阻力系数;

q——蒸汽的流量,t/h;

L——蒸汽管道的长度,m;

D——蒸汽管道的内径,mm;

ρ_m——管段中蒸汽的平均密度,kg/m³。

在管段中,一般入口和出口温度差别不大,且压缩因子也基本相同;另外考虑管网中弯头、变径、管接头、阀门等导致的局部摩擦阻力因素,设管网的当量长度系数为 η,因此式(2-35)可改写为

$$P_1^2 - P_2^2 = 1.25 \times 10^8 \frac{\lambda q^2 P_1 (1+\eta) L}{D^5 \rho_m} \tag{2-36}$$

则有

$$q = \frac{D^5 \rho_m}{1.25 \times 10^8 \lambda q P_1 (1+\eta) L}(P_1^2 - P_2^2) = C_P (P_1^2 - P_2^2) \tag{2-37}$$

$$C_P = \frac{D^5 \rho_m}{1.25 \times 10^8 \lambda q P_1 (1+\eta) L} \tag{2-38}$$

根据阿里特苏里公式，摩擦阻力系数

$$\lambda = 0.11 \times \left(\frac{\Delta}{D} + \frac{68}{Re}\right)^{0.25} \tag{2-39}$$

式中 Δ——管道当量绝对粗糙度，mm，钢管取 0.2 mm；

Re——管道蒸汽的雷诺数。

按照雷诺数原定义并将 D、q 单位分别折算成 mm、t/h 之后，可以写成

$$Re = \frac{Du\rho_m}{\mu} = 354\frac{q}{D\mu} \tag{2-40}$$

式中 μ——本管段内平均动力黏滞系数，根据 IF97 公式，用蒸汽的温度与压力推算；

u——本管段内蒸汽的特征流速；

D、q——与前述定义和单位相同。

设本管段入口和出口的蒸汽密度为 ρ_1 和 ρ_2，根据蒸汽的性质，工业用蒸汽的压力与温度处于 IF97 公式的第 2 区，ρ_1、ρ_2、μ、ρ_m 可以按以下公式计算：

$$\rho_1 = \frac{P_1}{\pi(r_\pi^0 + r_\pi^r)RT_1} \tag{2-41}$$

$$\rho_2 = \frac{P_2}{\pi(r_\pi^0 + r_\pi^r)RT_2} \tag{2-42}$$

$$\rho_m = \frac{\rho_1}{3} + \frac{2\rho_2}{3} \tag{2-43}$$

$$\mu = \Psi(\delta, \tau)\eta^* \tag{2-44}$$

(2)单管段热力学方程

热力学方程确立热力管道的热损失和热媒沿管道的温度下降。根据能量守恒原理，将单位变换为工程常用单位之后，其静态热力学方程如下：

$$T_1 - T_2 = \frac{(1+\beta)q_1L}{1\,000c_pq \times \frac{1\,000}{3\,600}} \approx \frac{(1+\beta)q_1L}{278c_pq} \tag{2-45}$$

$$q = \frac{278c_pq^2}{(1+\beta)q_1L}(T_1 - T_2) = C_T(T_1 - T_2) \tag{2-46}$$

$$C_T = \frac{278c_pq^2}{(1+\beta)q_1L} \tag{2-47}$$

式(2-45)、式(2-46)、式(2-47)中，T_1、T_2、L、q 与前述定义和单位相同；β 为管道附件、阀门、支座等散热损失附加系数，根据敷设方式不同，取0.15~0.25；

c_p 为蒸汽定压比容,kJ/(kg·℃);q_l 为管道单位长度散热量,W/m。

根据 IF97 公式

$$c_p = -R\tau^2(\gamma^0_{\gamma\gamma} + \gamma^\gamma_{\gamma\gamma}) \quad (2-48)$$

管道单位长度散热量按下式计算:

$$q_l = \frac{T_o - T_a}{\frac{1}{2\pi\varepsilon}\ln\frac{D_o}{D_i} + \frac{1}{\pi D_o a_w}} \quad (2-49)$$

式中 T_o、T_a——分别为管道外表面温度(取蒸汽温度)和环境温度,℃;

D_o、D_i——分别为保温层外径和内径,mm;

ε——保温材料的导热系数;如管道埋入地下不同深度,蒸汽与工作管网的对流系数、换热系数会发生相应的变化,需要对 ε 进行适当调整和验证。

a_w 由下式确定:

$$a_w = 11.6 + 7\sqrt{v} \quad (2-50)$$

式中 v——保温层外表面空气流动速度,m/s。

2.蒸汽管网流量计算模型

(1)管网的关联矩阵

与电路相类似,建立蒸汽管网流量计算模型之前,首先需要确定管网的关联矩阵 $\boldsymbol{A}$,具体的方法如下。

①对节点与管段编号

根据蒸汽管网配置信息,画出管网图;对管网图中的节点编号,编号顺序为汽源、用户(树枝节点)在前,三通节点(多节点、树干节点)在后。设有 m_1 个树枝节点,m_2 个树干节点,则总共的节点个数为 $m = m_1 + m_2$。每两个节点之间的部分为一个管段,另设共有 p 个管段,管段的编号按照树枝管段在前、树干管段在后的顺序排列。

②确定关联矩阵 $\boldsymbol{A} \in \mathbf{R}^{m \times p}$ 中的元素

关联矩阵 $\boldsymbol{A}$ 中第 i 行第 j 列元素 a_{ij},代表第 i 个节点与第 j 管段的关联关系,且

$$a_{ij} = \begin{cases} 1 & (\text{自第 } i \text{ 节点流入第 } j \text{ 管段}) \\ -1 & (\text{自第 } i \text{ 节点流出第 } j \text{ 管段}) \\ 0 & (\text{无关}) \end{cases} \quad (2-51)$$

(2)管网流量平衡方程

设 $\boldsymbol{P} = (P_1^2, P_2^2, \cdots, P_m^2)$,其中 $P_i^2 (i = 1,2,\cdots,m)$ 为第 i 个节点的绝对压力的平

方，MPa^2；

$\boldsymbol{T}=(T_1,T_2,\cdots,T_m)$，其中 $T_i(i=1,2,\cdots,m)$ 为第 i 个节点的节点温度，℃；

$\boldsymbol{Q}=(Q_1,Q_2,\cdots,Q_m)$，其中 $Q_i(i=1,2,\cdots,m)$ 为第 i 个节点的节点流量，若该节点为汽源则取负，用户则取正，中间节点则取0，单位 t/h；

$\boldsymbol{q}=(q_1,q_2,\cdots,q_p)$，其中 $q_j(j=1,2,\cdots,p)$ 为第 j 条管段的流量，单位 t/h；

$\boldsymbol{C}_p^*=\mathrm{diag}(C_{P1},C_{P2},\cdots,C_{Pp})$，其中 $C_{Pj}(j=1,2,\cdots,p)$ 为由式(2-38)确定的第 j 条管段的参数；

$\boldsymbol{C}_T^*=\mathrm{diag}(C_{T1},C_{T2},\cdots,C_{Tp})$，其中 $C_{Tj}(j=1,2,\cdots,p)$ 为由式(2-47)确定的第 j 条管段的参数。

根据质量守恒，每个节点总流量为零，即

$$\boldsymbol{Aq}+\boldsymbol{Q}=0 \tag{2-52}$$

按照水力学和热力学方程有

$$\boldsymbol{q}=\boldsymbol{C}_P^*\boldsymbol{A}^{\mathrm{T}}\boldsymbol{P}=\boldsymbol{C}_T^*\boldsymbol{A}^{\mathrm{T}}\boldsymbol{T} \tag{2-53}$$

将式(2-53)代入式(2-52)得到

$$\boldsymbol{AC}_P^*\boldsymbol{A}^{\mathrm{T}}\boldsymbol{P}+\boldsymbol{Q}=0 \tag{2-54}$$

$$\boldsymbol{AC}_T^*\boldsymbol{A}^{\mathrm{T}}\boldsymbol{T}+\boldsymbol{Q}=0 \tag{2-55}$$

式(2-37)、式(2-38)、式(2-46)、式(2-47)、式(2-53)、式(2-54)、式(2-55)构成了蒸汽管网的流量计算模型。

2.4.2 基于搜索方法的流量计算

实际的工业管网，由于生产监控和能源管理的需要，在管网的汽源和用户端装有温度、压力和流量表，但是主干管网和中间节点没有测量。这里考虑在外节点的温度、压力已知时，根据蒸汽管网的流量计算模型求解蒸汽管网各管段流量的问题，流量表的读数作为评价算法的依据。

由蒸汽管网的流量计算模型可知，在中间节点温度、压力及全部管段的流量未知时，各管段蒸汽的密度、黏度等中间变量未知，水力计算与热力计算因中间节点的温度压力而相互关联，因此各管段的流量不能用解析的方式和已知变量表达出来，无法直接求解。采用初设流量、温度、压力等变量，然后迭代求解的方法，经实验证实不能保证得到收敛的合理的结果。本书采用基于搜索的计算方法。

不妨以图2-11所示的蒸汽管网为例说明，蒸汽管网的节点和管段的编号如图2-11所示。

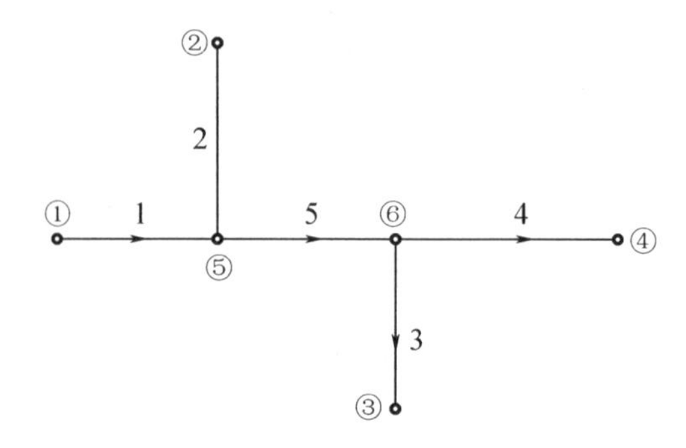

图 2－11　蒸汽管网节点和管段的编号

第一步，依式（2－51）和式（2－52），列写出矩阵 $\boldsymbol{A}$ 和 $\boldsymbol{Q}$。

$$\boldsymbol{A}=\begin{pmatrix}1 & 0 & 0 & 0 & 0\\ 0 & -1 & 0 & 0 & 0\\ 0 & 0 & -1 & 0 & 0\\ 0 & 0 & 0 & -1 & 0\\ -1 & 1 & 0 & 0 & 1\\ 0 & 0 & 1 & 1 & -1\end{pmatrix} \tag{2-56}$$

$$\boldsymbol{Q}=(-q_1,q_2,q_3,q_4,0,0)^{\mathrm{T}} \tag{2-57}$$

按照前面述及的变量定义，P_5、P_6、T_5、T_6、$\boldsymbol{q}$ 未知。由式（2－38）可知，运算需要的摩擦阻力系数、密度都与 P_5、P_6、T_5、T_6 有关，且需要预设 $\boldsymbol{q}$，才能应用式（2－53）和式（2－54）进行水力迭代计算。而热力计算只有 C_P 与 P_5、P_6、T_5、T_6 有关，且根据蒸汽的性质，单个管段的 c_p 变化不大。若将式（2－45）写成式（2－58），无须初设 $\boldsymbol{q}$ 再迭代运算：

$$q_i=\frac{(1+\beta)q_{li}L_i}{278c_p\Delta T_i}(i=1,2,\cdots,5) \tag{2-58}$$

式中　i——管段号；

ΔT_i——各管段入口与出口的温度差。

第二步，热力计算。

蒸汽沿管段传输时，摩擦阻力使压力下降，热量散失使温度下降。可以确定

$$P_2<P_5<P_1,\max(P_3,P_4)<P_6<P_5 \tag{2-59}$$

$$T_2<T_5<T_1,\max(T_3,T_4)<T_6<T_5 \tag{2-60}$$

由此假定

$$P_5=\frac{1}{2}(P_2+P_1),P_6=\frac{1}{2}[P_5+\max(P_3,P_4)] \tag{2-61}$$

设定 T_5 的搜索起点为 T_1，T_6 的搜索起点为 $\max(T_3, T_4)$，按照一定的步长，T_5 由大到小、T_6 由小到大在式(2－60)内定向搜索，计算各管段的 c_p（式(2－48)）及流量（式(2－58)），使其满足 $\|\boldsymbol{A}\,\boldsymbol{q}+\boldsymbol{Q}\| \leqslant \xi_1$ 时，记下中间节点温度与各管段流量。

第三步，水力计算。

设定中间节点温度为上一步搜索结果，用上一步的方法设定压力搜索起点、步长和方向，T_6 在式(2－60)确定的区域，分别搜索计算每步各管段对应的密度（式(2－43)）和摩擦阻力系数（式(2－39)、式(2－40)、式(2－44)）将上一步计算的管段流量作为迭代的初始值，分别计算各管段的流量（式(2－37)、式(2－53)），当其满足 $\|\boldsymbol{Aq}+\boldsymbol{Q}\| \leqslant \xi_2$ 时，记下对应的中间节点压力与各管段的流量。

第四步，将求得的中间节点温度、第三步得到的压力与各管段流量代入热力学计算方程，验证 $\|\boldsymbol{AC}_T^*\boldsymbol{A}^{\mathrm{T}}\boldsymbol{T}+\boldsymbol{Q}\| \leqslant \xi_3$，如成立，则结束，如不成立，则减小步长返回第二步重新计算。ξ_1、ξ_2、ξ_3 的值根据误差和计算稳定性要求设定在0.05～0.3。计算流程如图2－12所示。

2.4.3 计算结果与实测值对照

各管段的规格数据，见表2－7。根据实际情况，在计算中将参数分别设为 $\eta=0.2$、$\Delta=0.2$、$\beta=0.15$、$\varepsilon=0.035$、$\xi1=0.3$、$\xi2=0.3$、$\xi3=0.3$，保温层导热系数取0.035。将表2－7中的管段规格数据和表2－8中外节点的压力、温度数据，按照图2－12的方法分别计算，得到的各外节点计算结果列于表中。利用蒸汽管网流量计算模型和基于搜索的流量计算方法获得的流量值与实测值小于6%的差异，传统孔板流量计故障或磨损后测量误差达10%以上，可见本模型和算法的应用价值。实际上，建模过程忽略的因素、模型参数的误差及仪表的测量误差导致了这种差异。

表2－7 各管段规格数据

管段编号	长度/m	内径/mm	外径/mm	保温层厚度/mm
1	600	700	720	110
2	2 300	600	630	105
3	700	400	426	95
4	1 300	500	529	100
5	1 200	600	630	105

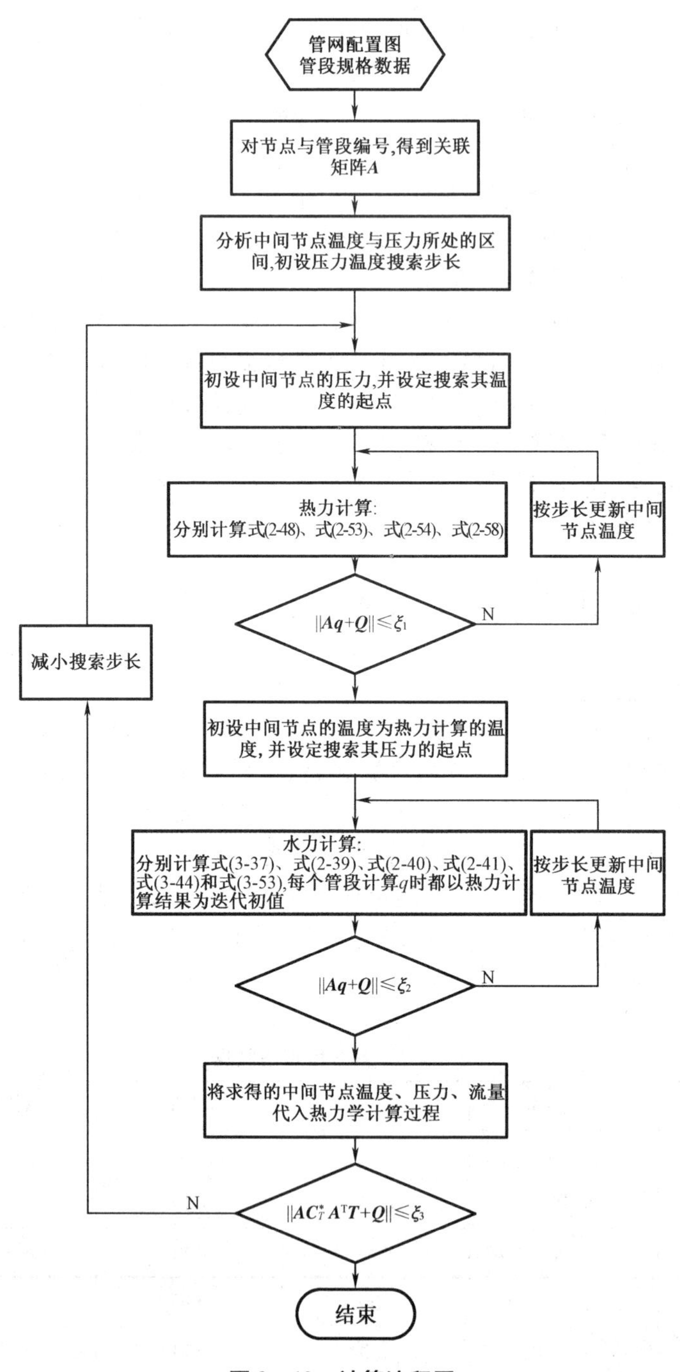
管网配置图
管段规格数据
对节点与管段编号，得到关联矩阵A
分析中间节点温度与压力所处的区间，初设压力温度搜索步长
初设中间节点的压力，并设定搜索其温度的起点
热力计算：
分别计算式(2-48)、式(2-53)、式(2-54)、式(2-58)
按步长更新中间节点温度
$\|Aq+Q\|\leqslant\xi_1$
N
减小搜索步长
初设中间节点的温度为热力计算的温度，并设定搜索其压力的起点
水力计算：
分别计算式(3-37)、式(2-39)、式(2-40)、式(2-41)、式(3-44)和式(3-53)，每个管段计算q时都以热力计算结果为迭代初值
按步长更新中间节点温度
$\|Aq+Q\|\leqslant\xi_2$
N
将求得的中间节点温度、压力、流量代入热力学计算过程
N
$\|AC_T^{*}A^{T}T+Q\|\leqslant\xi_3$
结束

图 2－12　计算流程图

表2-8 各管段计算结果与实测对照

外节点编号	压力/MPa	温度/℃	测定流量/(t/h)	计算流量/(t/h)	相对误差
1	0.705	286	117	121	3.4%
2	0.679	195	19	20	5.2%
3	0.563	246	19	19	0
4	0.445	256	79	82	3.8%

对于大型蒸汽管网,当其中间节点的数量大于3时,如直接采用本书方法,搜索难度加大。根据现场条件,在管网上有压力与温度测点的位置,将管网分割成几个子管网。将分割点看成外节点,则这些子管网具有前述管网类似结构,就可按本书方法分别处理。

本节根据蒸汽管网单管的水力学方程与热力学方程,建立了蒸汽管网水力热力综合模型。针对蒸汽管网水力学模型与热力学模型具有复杂的关联性,用普通迭代方法求解时存在不收敛而得不到合理结果的问题,提出一种搜索算法。

经过模型计算和实测值对照,蒸汽流量的计算值与实测值的差异小于6%,相对于蒸汽计量有时达10%以上误差,这种计算就显得很有价值。况且该差异是由仪表测量精度、模型参数误差等因素共同造成的,说明蒸汽管网的建模方法合理,计算方法算法实用有效。

2.5 基于Flowmaster的蒸汽管网建模与仿真技术

2.5.1 建模平台简介

为了使蒸汽管网建模研究结果得以验证,同时按生产可能出现的情况得到大量仿真数据,采用合适的软件平台是既经济且方便的方法。目前国内化工工艺流程建模主要有ASPEN PLUS、HYSYS、PRO Ⅱ、CFD和PipePhase等。在综合考虑本仿真的目的、仿真建模的难度、对工程近似程度和计算速度方面的因素,本书尝试采用Flowmaster流体仿真软件。

Flowmaster因其具备超强的计算效率和求解能力、建模速度快等优点,在国际上有着极高的评价。最先提出开发 Flowmaster 的是英国流体力学研究协会。该协会分属的流体系统研究项目主要是从事流体系统研究,在国际上有较强影响力。该协会经过长时间反复的试验后,积累了许多流体的数据。这些数据成为 Flowmaster 软件核心数据库。该软件最早由英国 Flowmasters 公司开发,随后归属于 Mentor Graphics 公司。目前,世界很多大公司都采用该软件解决各种流体管道网络的设计验证、故障诊断、结构优化等问题。我国于 2004 年,通过海基科技引入并开始使用该软件 。

Flowmaster 涉及众多工业版本,如航空版、燃气轮机版以及汽车版等,工业版本的知识库主要涵盖了用户需求定制的算法和网络模板等内容,它的功能十分强大,实用性极强,可以满足特定工业所需。工程师通过这一软件轻松应对各类复杂的流体系统,提升构建系统模型的效率,同时展开有效的分析。。

不同于三维 CFD 软件展开三维流场仿真主要是依赖于单个元器件尺度,Flowmaster 更注重系统尺度。Flowmaster 将每个流体系统分为泵、阀、管路等众多元件,通过对这些元件进行组装连接,构成流体管网仿真系统,从而对该系统的运行状态进行有效的监控。当阀门处于关或开状态时,能及时掌握各支路流量分布和节点压力的变化情况。

此外,Flowmaster 还含有分析模块,针对不同状态和性质的流体进行仿真,如稳态和瞬态、可压缩与不可压缩流体系统、热传导分析、液体或气体系统的仿真,也涉及气液相变的仿真;Flowmaster 的数据可视化能力强,如动态色彩与图表上的显示,能够全程监控与评估系统部件的性能,界面友好。

2.5.2 仿真元器件选择与设定

1. 压力源模型

压力源模型,代表产生蒸汽压力的汽源,是引起蒸汽管网状态运动的前提条件。图 2-13 是一个 Flowmaster 系统中的端口元件,在本次蒸汽管网仿真中将其用为压力源。

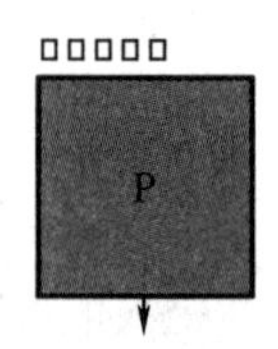

图 2-13 压力源模型

要求设定工质的类型(steam)、压力、湿度、温度和外部环境等条件。合理设置这些参数才能使仿真的结果接近管网的实际情况。每个属性栏中都可以设置此元件的一些相对应的参数,如图 2－14 所示。

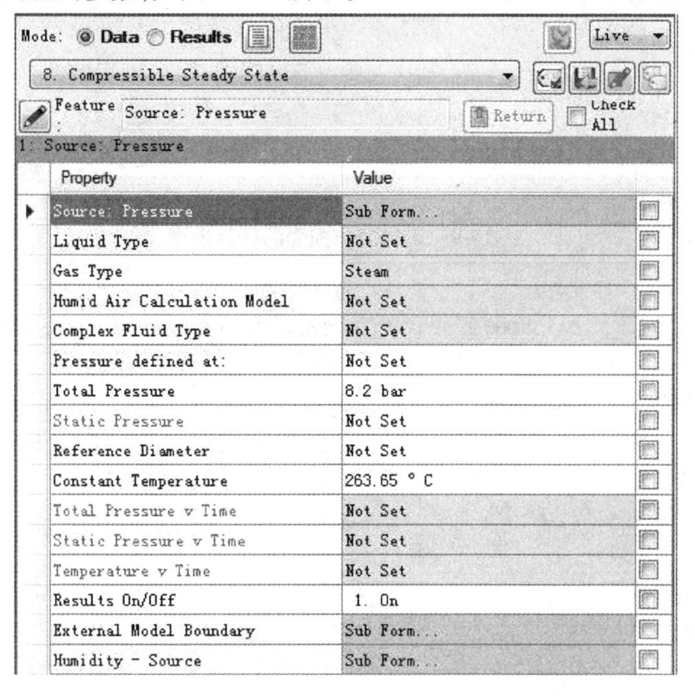

图 2－14　压力源元件参数

其仿真结果参数如图 2－15 所示。

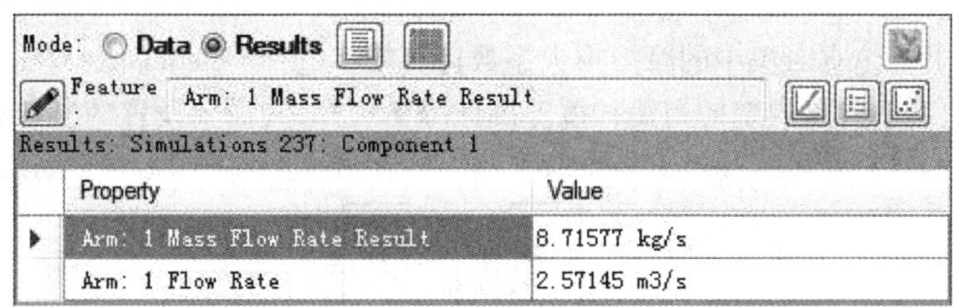

图 2－15　仿真结果参数

从图 2－15 可以看到此元件的可以查看的结果是编号为 Arm: 1 端的体积流量。其中每个元件所规定的运行方向都是在该元件上直接显示标明的,结果查看界面中数字前的正负号,代表该结果运行方向是否与设定方向一致,正值代表方向一致,负值代表方向不一致。

2. 管道模型

蒸汽管道是蒸汽管网的主体,起到传输蒸汽介质的作用。当蒸汽在管道内进行流动时,管内的摩擦阻力和局部阻力会产生压降。同时,在蒸汽流动过程中,蒸汽还会进行热传导并冷凝,在仿真设置中,需要充分考虑蒸汽的水力学和热力学特性。

在 Flowmaster 给出了三种沿程摩擦损失的计算模型,见表 2 – 9。

表 2 – 9　沿程摩擦损失的计算模型

阻力选项	层流状态 $Re<2\,000$	过渡区域 $2\,000 \leqslant Re \leqslant 4\,000$	湍流状态 $Re>4\,000$
Colebrook – White 模型	$f=f_1=\dfrac{64}{Re}$	$f=xf_t+(1-x)f_1$	$f=f_1=\dfrac{0.25}{\left[\log\left(\dfrac{\Delta}{3.7D}+\dfrac{5.74}{Re^{0.9}}\right)\right]^2}$
Hazen – Williams 模型	$f=f_1=\dfrac{64}{Re}$	$f=xf_t+(1-x)f_1$	$f=f_t=\dfrac{1\,014.2Re^{-0.148}}{C_{HW}^{1.852}D^{0.0184}}$
Fixed Friction	f	f	f

注:$x=\dfrac{Re-2\,000}{2\,000}$;$Re$ 为雷诺数,$Re=\dfrac{mC_p}{k}$,m 为流体动力黏度系数,C_p 为流体比热容,k 为介质导热系数;C_{HW} 即 Hazen – Williams 模型中的粗糙程度;f 为摩擦损失系数;f_1 为层流状态时摩擦损失系数;f_t 为湍流状态时的摩擦损失系数;D 为管路的绝对粗糙度。

在本书的仿真对象中的摩擦损失系数计算模型选择 Colebrook – White,在该模型中,需要给出管路内壁的粗糙程度。因此综上可知,其需要设置的参数有管段长度、长径、绝对粗糙度。通过 Flowmaster 建立的管道模型如图 2 – 16 所示。

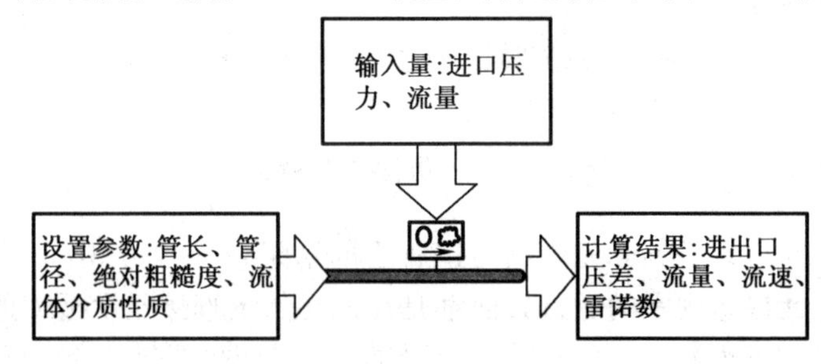

图 2 – 16　通过 Flowmaster 建立的管道模型

3. 蒸汽管网模型的建立

以多汽源蒸汽管网为例，构建的仿真模型主要由蒸汽汽源、管道、蝶形阀、弯道、汽箱等元件构成，如图 2－17 所示。

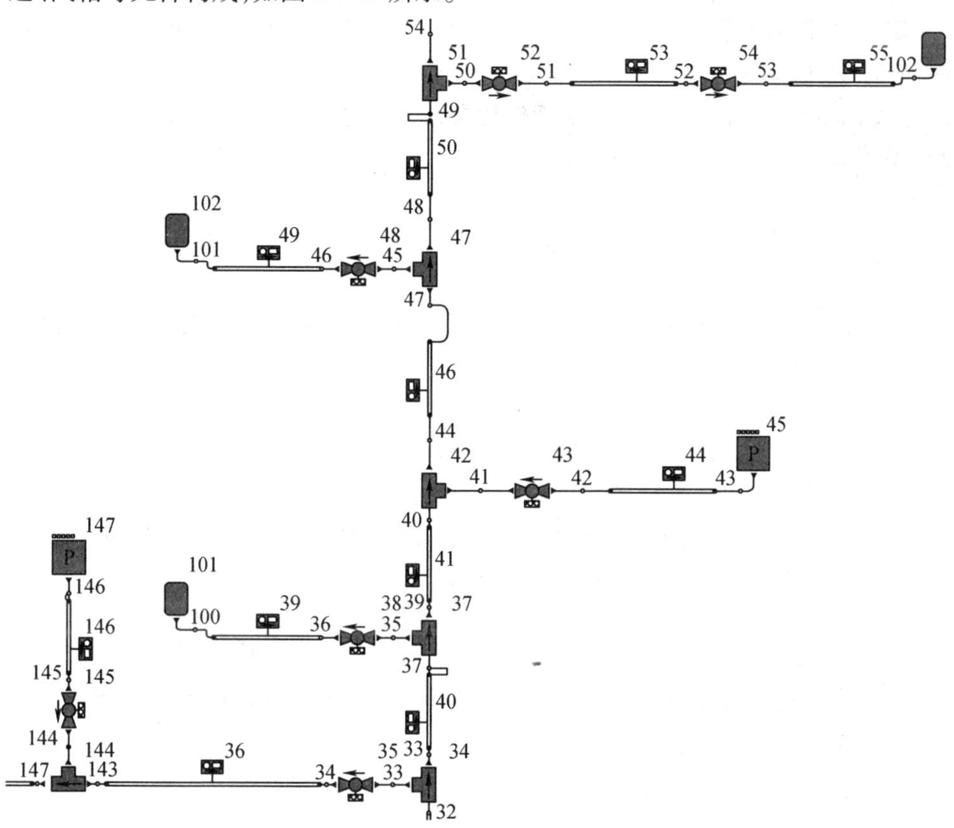

图 2－17 蒸汽管网的部分仿真模型

在仿真模型中，选用压力源元件作为汽源，对于蒸汽管道元件，选用可压缩气体管道元件，根据企业现场数据，设定管道材料、直径以及保温层厚度，选用汽箱作为蒸汽管网出口，代表钢铁企业的蒸汽用户。图 2－17 中元件 45，147 为蒸汽源；元件 101，102 等为汽箱，用来代替用户端；元件 35，38，43，48，52，54 等为蝶形阀。元器件在模型图中分别用不同数字标识，器件之间连接用节点表示，在节点处可配置流量、压力等参数，节点和元器件都进行标号标识，设置字体或线宽来区分之间连接关系，在视觉上更直观。

Flowmaster 中的蒸汽管网模拟计算遵循以下顺序。

第一步，搜集管网的结构数据信息，确定管段、节点以及流向三角形，编排各节点及管段,分析出结构节点的关联矩阵。这一步是保证后续计算精度的主要步骤。

第二步,确定各管段的直径、局部阻力系统、保温层材料和厚度、温度、压力等相关的管网属性数据。

第三步,对蒸汽管网进行稳态仿真,计算得到节点状态的参数等,校验已构建的仿真模型,提高计算的精度。

第四步,根据已校验的模型,实现任意参数变动情况下蒸汽管网的动态仿真获得相关数据。

2.5.3 稳态仿真结果及分析

在设计工况下,进行系统仿真运行。考虑到蒸汽是一种可压缩的气体,所以在 Flowmaster 中选择 Simulation type 为可压缩稳定状态。

在该蒸汽管网的多个节点中,选择具有代表性的汽源、管道、汽箱(即蒸汽用户)进行分析研究,对比测量所得数据与仿真数据,根据仿真与实测的数据误差,判定仿真模型是否正确。在此基础上测取多组数据,仿真运行得到多组管道压力,绘制实测与仿真压力对比图。任选其中 6 个管段(管段 56,53,49,46,40,36),其仿真压力与实测压力对比结果如图 2 - 18 至图 2 - 23 所示。

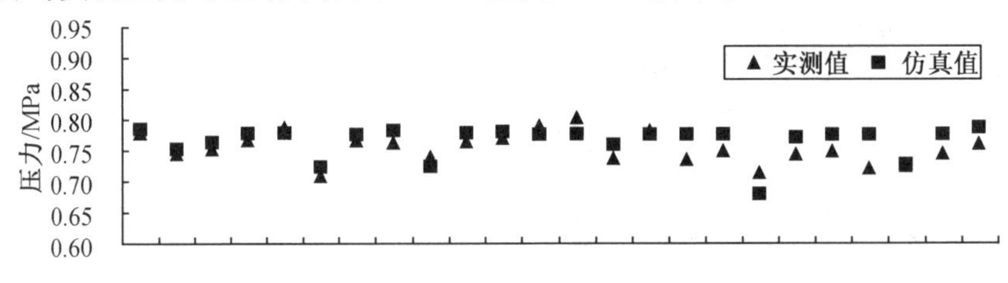

图 2 - 18 管段 56 仿真压力与实测压力对比结果

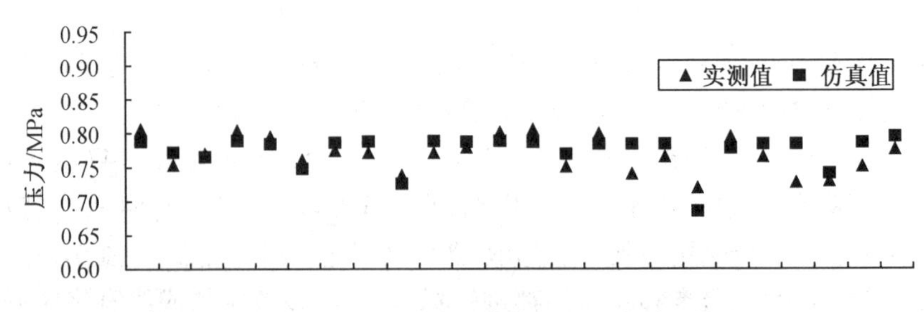

图 2 - 19 管段 53 仿真压力与实测压力对比结果

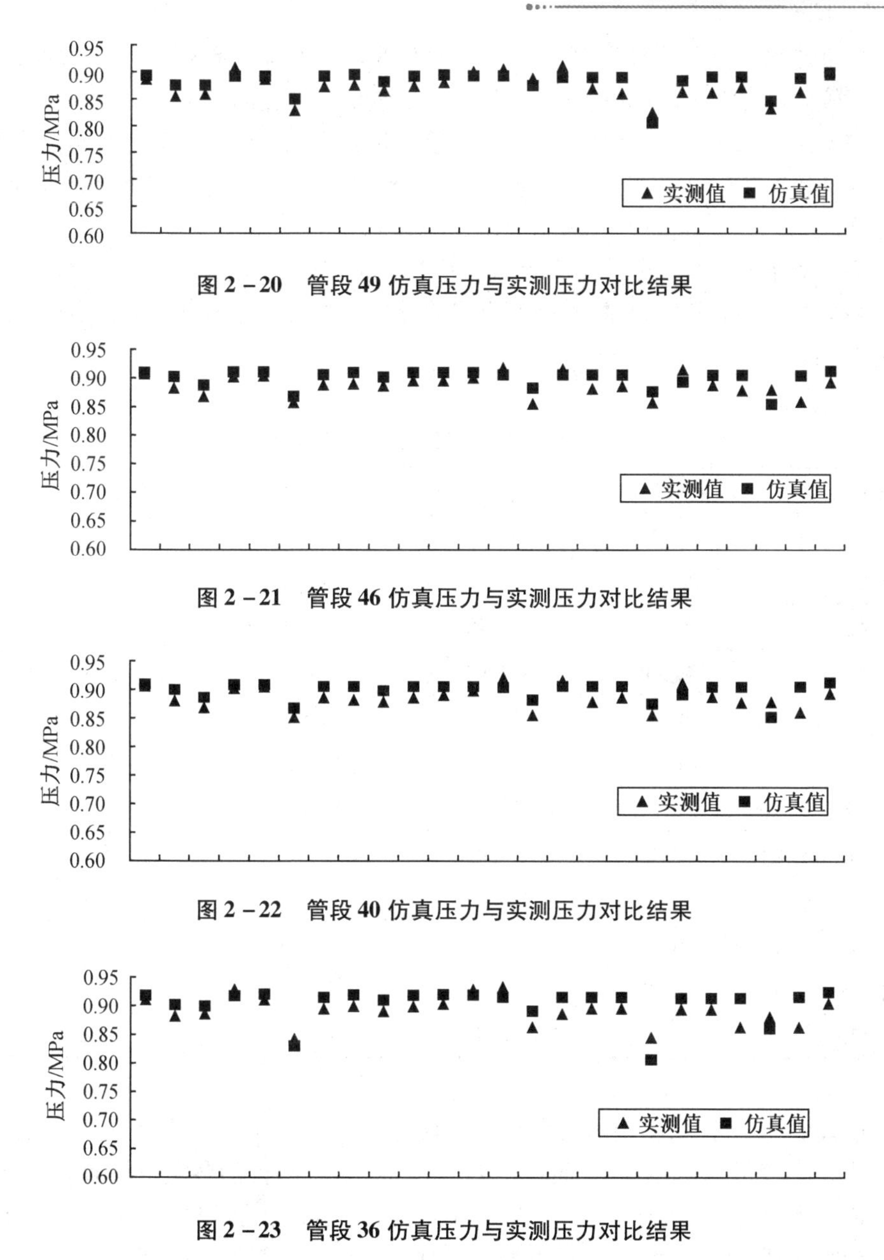

图 2-20　管段 49 仿真压力与实测压力对比结果

图 2-21　管段 46 仿真压力与实测压力对比结果

图 2-22　管段 40 仿真压力与实测压力对比结果

图 2-23　管段 36 仿真压力与实测压力对比结果

由图 2-18 至图 2-23 可见，基于 Flowmaster 的蒸汽管网的仿真结果和实测的数据的误差在 3% 以内。整个蒸汽管网仿真压力和实测压力的平均误差仅为 1.84%。

个别节点的计算压力和实测压力达到 6% 和 7% 的误差，分析其原因在于该节点上的供热用户使用的蒸汽用量太小，测量仪表不够准确。此外，在建立模型时就忽略了管内蒸汽湿度的影响，在一定程度上影响仿真计算的结果。

观察图 2－18 至图 2－23 还可以发现大部分压力的计算值都比实测值要高，造成这种情况是因为管网运行中局部阻力会对其有影响，但这一影响并未在模型中体现。

为了对系统仿真的部分主干管道流量与测量值进行比较，并验证蒸汽水力学和热力学模型的计算结果是否准确，也将其计算结果与测量值进行对比，部分结果见表 2－10。

表 2－10　测量流量与仿真流量对比

管段编号	管径/mm	管长/m	测量流量数值/(kg/h)	仿真流量数值/(kg/h)	计算流量数值/(kg/h)
管段 1	800	540.60	50 058.41	50 079.65	51 760.39
管段 2	800	162.64	46 506.78	46 934.09	47 901.98
管段 3	700	229.48	16 302.40	16 401.62	16 791.47
管段 4	800	1 486.86	36 554.98	36 410.46	38 017.17
管段 5	600	640.64	28 227.03	28 365.04	29 102.06
管段 6	450	446.42	9 035.55	9 102.64	9 487.32
管段 7	500	390.02	14 714.52	14 867.63	15 155.95
管段 8	400	158.44	14 533.09	14 601.69	15 114.41
管段 9	400	158.64	14 465.05	14 471.70	14 942.39
管段 10	400	144.99	14 052.28	14 113.78	14 754.89
管段 11	400	528.40	3 569.77	3 601.48	3 712.56
管段 12	350	342.87	2 712.48	2 730.88	2 820.97

由表 2－10 可见，运用蒸汽水力学和热力学模型所计算的结果与测量值最大误差为 5%，平均误差为 4%，而运用 Flowmaster 仿真所得的各蒸汽干管管段流量仿真值与设计值最大误差为 1%，平均误差为 0.5%，这说明 Flowmaster 相比于单纯的计算模型，在计算精度上有优势。同时该方法易于掌握，在工程中便于推广。以 Flowmaster 作为仿真平台研究蒸汽管网的故障数据诊断方法具有一定可行性。

对于引起表 2－10 中误差的因素，推测有以下几个方面。

(1)蒸汽用户使用蒸汽的量过小；计量仪表测量的并不十分精确；有些蒸汽用户装了压力调节阀，企业调节阀门开度使工况与仿真情况不一致。

(2)在模型中假设蒸汽为单相流体,但在实际管网中,会存在汽液两相流的情况,造成较大误差。

(3)建模中没有考虑到实际中管网和其附件存在"跑、冒、滴、漏"的问题。

(4)本书只是对该方法进行初步探索,所建模型主要工作在稳态,但如若整个管网流量出现较大的波动的时候,测量值和计算值之间的误差就会变大。

2.6 蒸汽管网建模的其他方法

针对蒸汽管网建模研究目前有数学模型解析法与软件模拟仿真法。虽然本质上软件模拟仿真法也是基于数学模型解析法,但是在解决问题的方式上有很大区别。

1. 数学模型解析法

本书建立的计量与计算模型均属于数学模型解析法。此方法具有很强的工程实用性,但是也存在明显不足。一方面,模型只考虑蒸汽管网稳定运行状态,这与实际管网压力、温度流量随时动态变化的实际情况不符;另一方面,模型结构与参数的确定都需要分析与设计验证方法。

在数学模型解析法中,研究描述蒸汽管网压力温度波动时蒸汽在管网中传播行为的动态数学模型,对于蒸汽管网测控中故障诊断、测控数据校正有重要意义。模型的解算方法的稳定性与收敛性问题也随之而来。在解决了单汽源的管网问题之后,还需要进一步解决多汽源和多个用户共用管网的问题,使管网建模与模型应用问题变得更加复杂。

2. 软件模拟仿真法

本书所述的 Flowmaster 仿真即属于软件模型仿真法。这种方法基于成熟的商业软件,构建相应的仿真模型。

除 Flowmaster 之外, SimSci 公司的专业管网模拟分析软件 PipePhase 也可以用于蒸汽管网的模拟仿真。该软件通过定义管网入口压力、热用户流量、管道长度、管径、管道高程的变化、弯头及其他管件的数量、总传热系数、环境温度、绝热层厚度等多个条件,计算管道的压力降。并依此求出蒸汽管网的理论压力、温度分布及流量变化情况。软件所解决的问题方式与蒸汽管网的流量计算模型类似。通过这一仿真软件,除了能模拟正常蒸汽管网的运行情况,还能模拟蒸汽管网发生的故障的情况——管道泄漏和管道保湿层腐蚀降低保湿性能对管网的影响。

2.7 本章小结

本章提出了建立蒸汽管网流量模型的四种方法。

针对蒸汽流量测量精度低的问题,根据节流型流量测量仪表的通用原理及国家标准,提出应用于蒸汽管网流量测量时采用IF97公式作为密度补偿、流出系数和可膨胀系数的调整。基于该模型,按照迭代计算的方法能得到较高精度的蒸汽流量的测量值。本模型用于已安装的流量计测量值的校正。

根据工序特点,将与蒸汽关联的工序分成稳定汽源、蒸汽回收工序和蒸汽使用工序三类:对稳定汽源,简化锅炉的质量平衡模型得到由加水流量和液位表示的认证模型;对蒸汽回收工序,考虑影响蒸汽管网平衡设计与影响回收的因素,形成认证模型;对蒸汽使用工序采用设备用户分解,考虑影响蒸汽用量的设备使用情况、季节等因素建立简易的认证模型。这些模型用间接的方法推导出该生产工序的蒸汽实时流量值,用于补全未测量或丢失的流量数据。

采用水力学和热力学方程建立的蒸汽流量计算模型,根据管网中管段的压力差、温度差及管网材质等信息计算出各管段蒸汽的流量。本模型用于计算蒸汽管网主管中未安装流量计管段的蒸汽流量。

采用Flowmaster作为蒸汽管网的软件仿真平台,简述了在该软件平台建模的方法,并制作了一个模型进行仿真测试。

蒸汽管网建模其他方法主要有数学模型解析法和软件模拟仿真法两类。这些仿真分析,正向蒸汽管网的实际工况和具体问题接近。

总之,建立蒸汽管网的蒸汽流量计量模型、蒸汽流量认证模型和蒸汽管网流量计算模型,其主要目的是提高已安装流量仪表的测量精度,估计管网中未测量的流量数据,或补全因流量测量仪表故障而缺失的数据,提高了数据的精确性和完整性。另外由于建立了不同来源的蒸汽流量信息,使蒸汽管网流量数据出现空间冗余,为蒸汽管网的数据校正创造了条件。

参考文献

[1] CHANG C, CHEN X, WANG Y, et al. Simultaneous synthesis of multi – plant heat exchanger networks using process streams across plants[J]. Computers and Chemical Engineering, 2017(10):95 – 109.

[2] 王旭光, 钟崴, 薛明华, 等. 大型工业蒸汽供热管网运行状态在线分析系统[J]. 能源工程, 2015(2):73 – 79.

[3] WANG Y, YIN X, WANG B. A method of diagnosing leakage of boiler steam and water pipes based on genetic neural network[C]// Intelligent Control and Automation. IEEE, 2016.

[4] 郭家昆. 如何提高蒸汽计量的准确度[J]. 中国计量, 2007(5): 52 – 53.

[5] 李彦梅,徐英. 上游双弯头对内锥流量计性能的影响[J]. 仪器仪表学报, 2009,30(11):2 417 – 2 422.

[6] 凌波, 徐英. 基于 IAPWS – IF97 的高精度蒸汽流量仪表的研制[J]. 电子测量技术, 2007, 30(7):165 – 167.

[7] 张增刚. 蒸汽管网水力热力耦合计算理论及应用研究[D]. 青岛:中国石油大学, 2008.

[8] LORENTE S, WECHSATOL W, BEJAN A. Fundamentals of tree – shaped networks of insulated pipes for hot water and exergy[J]. Exergy An International Journal, 2002, 2(4):227 – 236.

[9] MORRIS A, DEAR J, KOUMPETIS M. High temperature steam pipelines – development of the ARCMAC Creep Monitoring System[J]. Strain, 2006, 42(3):5 – 7.

[10] 赵钦, 王志勤, 史挺进,等. 大型蒸汽管网仿真的数学模型研究[J]. 热能动力工程, 1997(3):173 – 175.

[11] 田子平,鲍福民. 特大型热网的计算机实时仿真[J]. 上海交通大学学报, 2000,34(4):486 – 489.

[12] 宋扬,程芳真,蔡瑞忠. 蒸汽供热管网的动态仿真建模[J]. 清华大学学报(自然科学版), 2001, 41(10):101 – 104.

[13] 徐鹏, 宋振国, 陈汝刚, 等. 船舶蒸汽管网水力热力耦合计算方法[J]. 中国舰船研究, 2016, 11(4):116 – 263.

[14] PANG Z X, WANG L. A model to calculate heat loss of flowing superheated steam in pipe or wellbore[J]. Computational Thermal Sciences, 2016,8(3): 249 -263.

[15] 王娟.供热管网中蒸汽过热度对管损的影响[J]. 电力科学与工程, 2018(3):75 -78.

[16] ABBOURA A , SAHRI S , Baba - Hamed L , et al. Quality - based online data reconciliation[J]. ACM Transactions on Internet Technology, 2016, 16(1):1 -21.

[17] 朱寅,孙彦广,余志刚,等. 钢铁企业多汽源蒸汽管网的仿真模拟[J]. 冶金自动化, 2011(6):11 -15.

[18] TIAN Y, XING Z, HE Z, et al. Modeling and performance analysis of twin - screw steam expander under fluctuating operating conditions in steam pipeline pressure energy recovery applications[J]. Energy, 2017(14):692 -701.

[19] 张威,陈凯,王欢,等. 蒸汽发生系统水动力特性计算通用模型[J]. 热力发电, 2016, 45(4):13 -18.

[20] 陈才,赵惠中,燕勇鹏. 含间歇用汽用户的蒸汽管网的运行方式[J]. 煤气与热力, 2017(3):28 -31.

[21] 袁良正,贾金洁. 高压蒸汽管网的水力学计算及吹扫参数确定[J]. 化工设备与管道, 2016(4): 72 -75.

[22] 李劲锋.供热管网蒸汽输送中质量损失原因及改进[J]. 科技展望, 2017(25):306 -307.

[23] 张文伟.关于凝结水回收技术在蒸汽管网运行中的应用[J]. 数字化用户, 2017(47):103 -104.

[24] 高鲁锋,蒸汽管网水力热力耦合计算方法的研究及软件开发[D]. 济南:山东建筑大学,2009.

[25] 曹雁青,陈志奎,用于蒸汽管网系统的严格在线模拟与智能监测技术[J]. 计算机与应用化学, 2006,23(10): 923 -930.

[26] 方晓红,黄相农.一种蒸汽流量智能监测系统[J]. 节能技术, 2009,27(2): 181 -183.

[27] XIANXI L, SHUBO L, MENGHUA X, et al. Modeling and simulation of steam pipeline network with multiple supply sources in iron& steel plants [C]// Control and Decision Conference. IEEE, 2016.

[28] 郑灿亭. 蒸汽计量存在的问题及对策[J]. 仪器仪表标准化与计量, 2006(1):31 -33.

[29] 李梅英. 蒸汽流量的计量[J]. 氯碱工业, 2006(10): 44-45.

[30] 马宝杰,李明军. 节能型蒸汽计量技术分析[J]. 自动化仪表, 2001, 22(11):29-30.

[31] 王晓蕾. 动态补偿质量流量仪表在蒸汽计量上的应用[J]. 石油化工自动化, 2008(4): 62-63.

[32] 樊亚平. 能源计量中蒸汽表的选型[J]. 节能, 2002(9):44-45.

[33] 赵海升,王京安. 宽量程蒸汽计量及若干问题的讨论[J]. 区域供热, 2008(5):33-37.

[34] 李彦梅, 徐英, 张立伟, 等. 上游双弯头对内锥流量计性能的影响[J]. 仪器仪表学报, 2009, 30(11):417-422.

[35] 孙延祚. 国家标准 GB/T 2624. 2—2006 的主要变化及实施中存在的问题[J]. 电力设备, 2008, 9(12):9-12.

[36] W. 瓦格纳, A. 克鲁泽. 水和蒸汽的性质[M]. 北京:科学出版社, 2003.

[37] 彭熹, 赖旭芝, 熊永华, 等. 高炉物料消耗计量数据自动认证系统的设计与实现[J]. 计算机应用研究, 2007(4):270-272.

[38] 高镫年. 热工控制对象动力学[M]. 北京:水利电力出版社,1986.

[39] 齐鄂荣. 工程流体力学[M]. 武汉:武汉大学出版社, 2012.

第3章　蒸汽管网运行数据监控

蒸汽管网运行数据监控的目的有两个：其一，发现因仪表受干扰或仪表故障产生的异常数据（错误数据）报警；其二，发现蒸汽管网的运行状态偏离正常工作状态时报警。对后一种情况，当人工确认生产状态正常时，归并到测量数据异常的情况。运行数据监控主要采用单变量和多变量统计过程控制的方法，其核心是控制极限的确定问题。本章主要研究单变量控制极限的确定方法和基于 PCA 的多变量监控技术。

3.1　引　言

统计过程控制（statistic process control，SPC）技术起始于 1924 年 Shewhart 提出用控制图的方法实现预防为主的质量控制。该技术正逐步由离散制造业向连续制造业、间歇工业和流程工业发展。

传统的统计过程控制主要以单变量为主，确定合适的统计变量及其控制极限是统计过程控制的关键。当变量处于控制极限范围内时，则认为过程工作正常，否则需要报警。经过多年发展，研究人员提出了各种不同类型的控制图及控制极限的确定方法。近十年，研究人员主要关注非正态分布时控制极限的确定方法，基于经验分布确定控制极限问题。如 Carlo 提出的 Bootstrap 方法及基于该方法改进的直接确定控制极限的方法，能有效解决基于经验分布的控制极限问题，但只对整数取值样本适用，在处理非整数样本时有局限性。Kuo 则比较了按对称和非对称方式选择 X 图和 R 图的控制极限的问题，得出在图的特性发生偏移时，非对称控制极限具有较强的鲁棒性的结论。近一时期，人们开始关注单变量或统计量的统计过程控制在生产过程多状态变化的故障诊断，应用动态加权和时间自适应的支持向量描述对非稳定过程的在线监控方法。作为单变量监控方法的扩展，采用控制图同时监控两个随机变量的比值的方法及性能评估也在近期文献中大量出现。Celano 等人提出一种两相综合控制图法并分析了该方法的性能，Tran 等人则提出采用运行规则型控制图和平均运行长度（average run length，ARL）监控两个正态分布变量。毫无疑问，以较少的统计量监控较多的信息成为发展方向。传统单变量和控制图的方法在大规模生产企业的应用空间有限。

现代工业生产过程规模庞大,流程复杂,对控制系统的性能和安全性有很高要求。由于系统的复杂性,使建立过程的精确机理模型和实施故障诊断非常困难,代价极高;模型的动态、时变、非线性等问题使应用模型的方法进行过程管理难以实现。而实际工业过程的测量数据通常存在“3i”问题:不完整(incomplete)、不准确(inaccurate)和不一致(inconsistent),以及数据之间存在关联关系,对每个变量单独进行统计过程控制可能会失效,因此迫切需要能适应这种形势的多变量统计过程控制(multivariate statistic process control,MSPC)、数据校正等技术。主元分析(principal components analysis,PCA)、偏最小二乘(partial least square, PLS)、独立主元分析(independent component analysis, ICA)等以多变量投影为核心的技术,使正常情况下的历史数据得以简化、压缩、去噪,再用统计建模的方法实施统计过程控制和数据校正。

多变量统计过程控制常用 Hotelling's T^2 及平方预测误差(squared prediction error, SPE)作为监控指标,统一了多变量的监控指标,有效减轻操作人员的“信息过载”的压力。随着新问题在应用中的出现,对多变量统计控制问题的研究还在深入:针对传统 PCA 模型假定系统处于稳定状态且变量服从正态分布的,有的学者提出了基于 ICA 和外部分析方法确定控制极限以改进 PCA;针对过程动态,Ku 等提出动态 PCA 模型、递归 PCA 自适应和局部线性化等方法;为防止干扰引起系统的误报警率,Chen 提出合并两种指标并按照报警二项分布概率的方法。这些方法的前提都是基于定值过程控制系统所表现出来的正态分布或近似正态分布的情况。针对实际系统变量表现出的很明显的非正态分布特征则无法解决。由于在线监控状态多变和变量大范围变化时线性模型误差过大,容易引起误报警的情况,文献采用状态识别和状态变量分区建模监控的方法,对工程应用有较好的使用价值。本节研究和解决蒸汽管网流量数据监控问题,主要面向蒸汽管网运行时的多状态切换和非线性系统误差给在线监控带来的困难。

3.2 基于经验分布模型确定单变量控制极限方法

本节主要解决将经验分布模型方法应用到蒸汽管网监控的问题。针对蒸汽管网变量在系统运行时表现出非正态分布,无法直接确定统计控制极限的问题,本节结合工程实际,提出一种有效的方法。

3.2.1 监控变量经验分布的确定

假设待监控的多变量系统的测量数据矩阵为 $\boldsymbol{X} \in \mathbf{R}^n$，$n$ 为测量样本个数，X 的每个元素为被测变量的一个样本。

记 $\boldsymbol{X} = (x_1, x_2, \cdots, x_n)$，则其极差记为

$$R(\boldsymbol{X}) = \max(\boldsymbol{X}) - \min(\boldsymbol{X}) \tag{3-1}$$

按照等距的原则将极差分为 $N(n \gg N)$ 个小区间，每个区间的长度

$$c = \frac{R(\boldsymbol{X})}{N} \tag{3-2}$$

对应的区间分别记为 $c_1, c_2, \cdots, c_N$。$\boldsymbol{X}_i$ 中的每一个数都属于其中的一个区间。这样将该列数据分成了 N 组。

统计采样值落入每个小区间的样本数占样本容量的百分比（概率密度）为

$$f_r = \frac{v_r}{n} (r = 1, 2, \cdots, N, v_r \text{ 为落入该区间样本数值的个数}) \tag{3-3}$$

由于样本是独立抽取的，由概率的统计定义可知

$$P_r(\boldsymbol{X}_i \in c_r) \approx f_r \tag{3-4}$$

则测量值落入每个小区间的平均概率密度为

$$p_r(\boldsymbol{X}_i \in c_r) \approx \frac{f_r}{\frac{R(X_i)}{N}} = \frac{N f_r}{R(X_i)} \tag{3-5}$$

以小区间的长度为底，以 p_r 为高作矩形，得到的直方图即是 $\boldsymbol{X}$ 的经验分布。在 n 和 N 足够大时，该直方图更接近 $\boldsymbol{X}$ 的总体概率密度分布。

3.2.2 单变量控制极限的确定

根据中心极限定理，在系统只存在一个稳定状态时，被测变量随样本容量增大趋向于服从正态分布。

根据正态分布的理论，当 $\boldsymbol{X}$ 总体服从正态分布时，其分布函数为

$$f(x) = \frac{1}{\sqrt{2\pi}\sigma} e^{-\frac{(x-\mu)^2}{2\sigma^2}} \tag{3-6}$$

标准正态分布概率密度分布如图 3-1 所示。

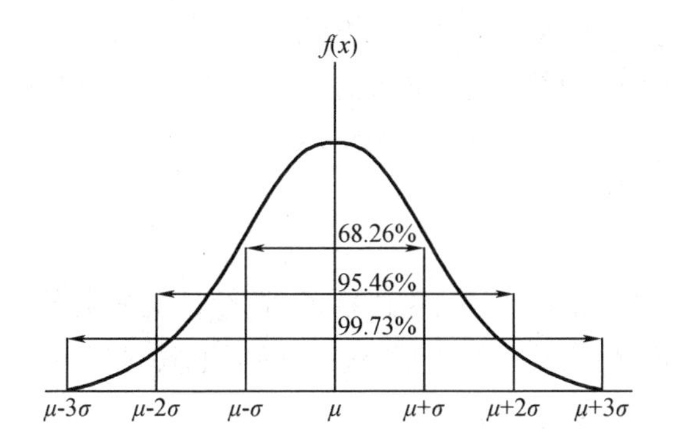

图 3-1 标准正态分布概率密度分布

数据点处于$\mu-3\sigma\sim\mu+3\sigma$范围的概率为99.73%。把控制极限设定在这个范围,当数据点超过这一范围,有理由怀疑该变量异常。这就是“3σ”原则。

在生产实际中将该点之外所对应的0.27%左右的概率对应区间定义为报警区,区间对应的值定为下下限与上上限(亦称为上下超限),将5%左右概率(2σ)对应的区间定义为正常工作区,处于之间的区间定义为调节区。调节区与正常工作区的界限值定为下限与上限。

蒸汽流量的样本容量和样本一旦确定,因取样的时间段内流量值可能会发生异常波动,实际得到的经验分布不一定符合正态分布。针对这种情况虽然可以采用正态分布拟合的方法获得对应的正态分布和对应的控制极限。但是拟合的误差很大,而且设定的控制极限是对称的,易引起误报警。依据在正态分布条件下划定控制极限的概率定义,对经验分布也可以划分控制极限。

定义 3-1 设Z_1为某一待监测变量X的上上限,则其满足的条件是:$P(X\geqslant Z_1)=0.13\%$,按经验概率分布可以写成

$$\sum_{r=r_{Z_1}}^{N} f_r \geqslant 0.13\%,\text{且}\sum_{r=r_{Z_1+1}}^{N} f_r < 0.13\%$$

式中,r_{Z_1}为Z_1所处小区间的序号。如果统计区间分得足够细,单个小区间的概率很小,令该区间的下限或上限定为Z_1,误差都很小,在这里取r_{Z_1}区间的下限。

定义 3-2 设Z_2为某一待监测变量X的上限,则其满足的条件是:$P(X\geqslant Z_2)=2.5\%$,按经验概率分布可以写成

$$\sum_{r=r_{Z_2}}^{N} f_r \geqslant 2.5\%,\text{且}\sum_{r=r_{Z_2+1}}^{N} f_r < 2.5\%$$

式中,r_{Z_2}为 Z_2 所处小区间的序号,在这里 Z_2 取 r_{Z_2}区间的下限。

定义 3-3 设 Z_3 为某一待监测变量 $P(X \leqslant Z_3) = 2.5\%$ 的下限,则其满足的条件是:$P(X \leqslant Z_3) = 2.5\%$,按经验概率分布可以写成

$$\sum_{r=1}^{r_{Z_3}} f_r \geqslant 2.5\%,且\sum_{r=1}^{r_{Z_3-1}} f_r < 2.5\%$$

式中,r_{Z_3}为 Z_3 所处小区间的序号,在这里 Z_3 取 r_{Z_3}区间的上限。

定义 3-4 设 Z_4 为某一待监测变量 X 的下下限,则其满足的条件是:$P(X \leqslant Z_4) = 2.5\%$,按经验概率分布可以写成

$$\sum_{r=1}^{r_{Z_4}} f_r \geqslant 0.13\% \ 且\sum_{r=1}^{r_{Z_4-1}} f_r < 0.13\%$$

式中,r_{Z_4}为 Z_4 所处小区间的序号,在这里 Z_4 取 r_{Z_4}区间的上限。

由此得到对应的报警控制极限分别为 Z_1、Z_2、Z_3、Z_4。在确定这些极限值的时候采用先划分区间,形成对应的经验分布函数,然后从 $r=1$ 开始往上求和搜索,达到预设概率点对应的区间序号,然后按定义 3-1、定义 3-2、定义 3-3、定义 3-4 确定相应的控制极限。基于经验分布的控制极限确定算法流程如图 3-2 所示。

3.2.3 基于经验分布确定控制极限在蒸汽管网监控中的应用

根据实际生产的历史数据,按照以上方法确定的控制极限时数据监控的结果如图 3-3、图 3-4、图 3-5 所示。图 3-3(a)、图 3-4(a)、图 3-5(a)均为蒸汽流量的经验分布,图中横坐标为流量值,单位为 t/h,纵坐标为概率密度,图中的虚线表示样本均值;图 3-3(b)、图 3-4(b)、图 3-5(b)为实时监控效果,横坐标为采样点序号,每秒钟采样一次,单位为秒(s),纵坐标为实时流量,单位为 t/h。图 3-3、图 3-4、图 3-5 中的 Z_4、Z_1 表示上下超限,Z_3、Z_2 表示上下限。在钢铁企业生产中,将上下限间的范围定义为正常工作区,工程中也称为绿区;将上下超限之外的区间定义为报警区,工程中也称为红区;将下限与下超限、上限与上超限确定的区间定义为调整区,工程中也称为黄区。在黄区时产生 Warning 信号,而进入红区则发出 Alarm 信号。

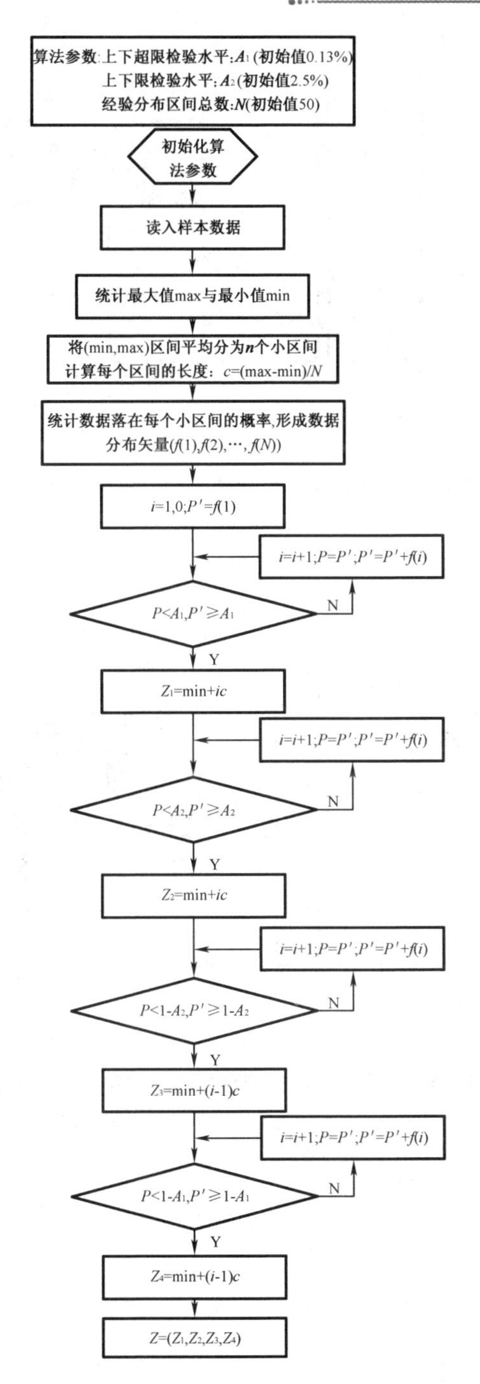

图3-2 基于经验分布的控制极限确定算法流程图

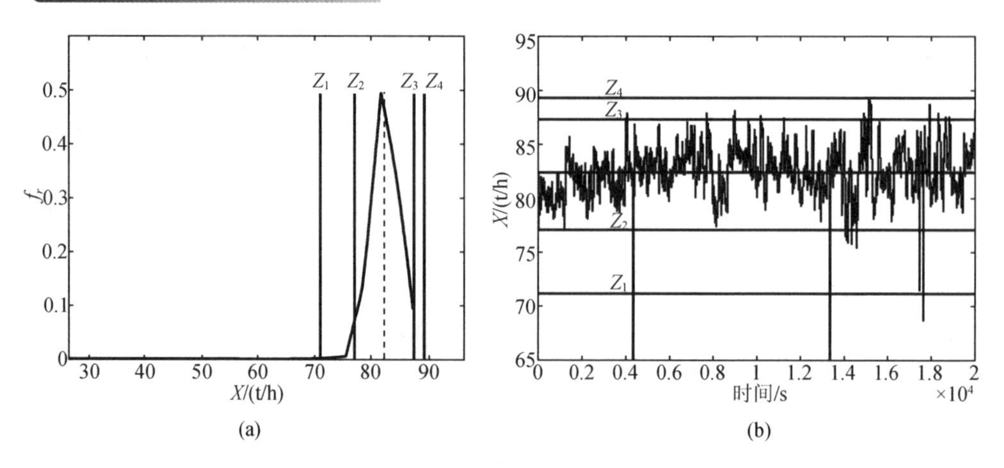

图 3－3　CDQ 蒸汽流量的经验分布与监控效果

(a)蒸汽流量的经验分布;(b)蒸汽流量的监控效果

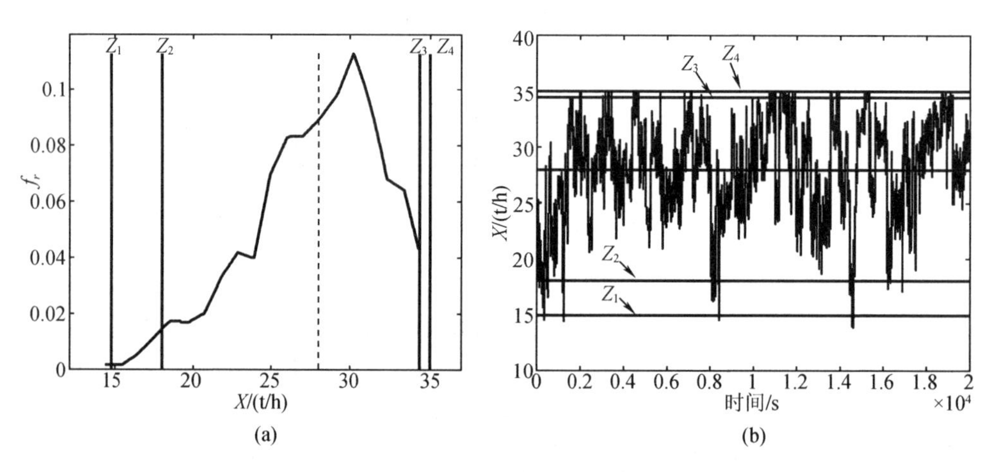

图 3－4　启动锅炉蒸汽流量的经验分布与监控效果

(a)蒸汽流量的经验分布;(b)蒸汽流量的监控效果

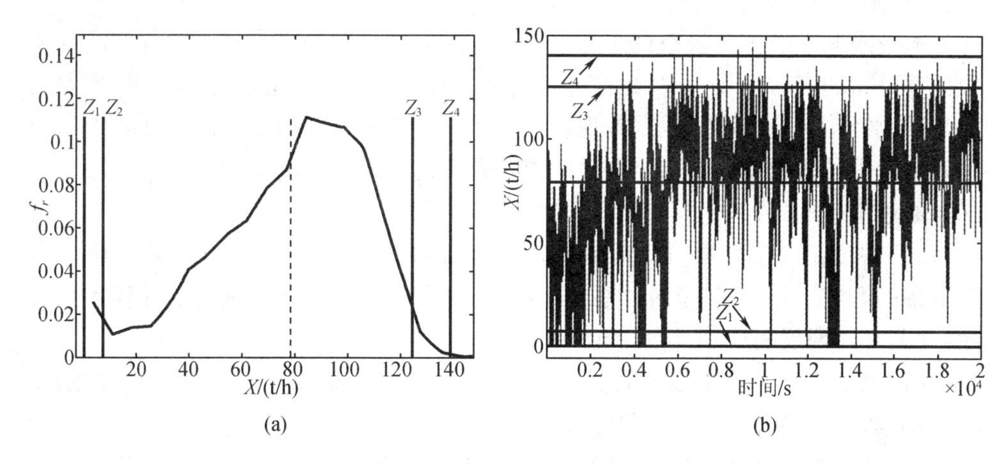

图3-5 炼钢蒸汽流量的经验分布与监控效果

(a)蒸汽流量的经验分布;(b)蒸汽流量的监控效果

通过采集现场数据(主要是由人工实时监控的蒸汽管网主要管段的蒸汽流量、主管的蒸汽压力、锅炉液位等数据),收集人工设定的控制极限、按正态拟合划定的极限和按经验法设定的极限对比情况见表3-1。表3-1中每行都代表EMS监测的一个现场变量。

表3-1 不同方法设定的控制极限对比情况

序号	下下限			下限			上限			上上限		
	设定	正态	经验	设定	正态	经验	设定	正态	经验	设定	正态	经验
1	20 000	16 281	16 600	30 000	27 737	27 160	63 000	50 649	61 640	65 000	62 105	65 200
2	20 000	20 386	13 640	30 000	31 089	24 362	63 000	52 496	61 889	65 000	63 200	66 250
3	20 000	14 809	15 632	30 000	26 303	27 264	63 000	49 291	61 344	65 000	60 785	64 160
4	1 680	1 542	1 626	1 700	1 677	1 547	1 900	1 948	2 049	2 000	2 084	2 090
5	1 500	2 039	1 951	2 100	2 167	2 006	2 300	2 424	2 559	2 500	2 553	2 614
6	9.00	8.93	8.67	9.50	9.63	9.72	12.50	11.03	11.12	13.00	11.73	14.98
7	9.00	9.67	9.07	9.50	9.89	9.54	12.50	10.35	10.69	13.00	10.57	10.92
8	6.10	6.14	5.48	6.30	6.37	6.21	6.90	6.81	6.93	7.00	7.04	7.30

注:“设定”指人工设定的控制极限;“正态”指按正态分布拟合设定的控制极限;“经验”指按经验分布设定的控制极限。

从表3-1中的对比情况看,采用正态分布的方法划定的极限是对称的(下超限+上超限=下限+上限);而采用经验分布的方法划定的极限是不对称的。与采用正态分布划定的极限相比,经验分布划定的极限更接近人工划定的极限,主要是因为形成经验分布的历史数据是现场操作人员按人工设定的极限监控和操作的结果。由此可见按经验分布划定的极限更符合工艺与安全要求。

通过本节的研究表明:

(1)单变量异常数据监测的问题,主要依据数值出现的区间是否处于历史数据聚集的区域,是一种基于统计意义上的粗略判断方法,但能起到提示操作人员关注,并及时发现仪表故障或生产异常的作用。

(2)在历史样本数据较多时,划定的区间数 N 可以取得大一些,每个区间的宽度更小,能获得更为精确的经验分布和控制极限。

(3)本节的方法根据"3σ"原理定义控制极限的概率,在经验分布中找到对应的变量取值点为该变量的控制极限。该方法得到的控制极限一般不是对称的,这与生产中蒸汽管网变量不是对称变化的实际经验相一致,比采用经典正态分布的"3σ"原则得到的对称控制极限更符合工艺与安全要求。

3.3 多工况的多变量 PCA 监控方法

本节提出一种解决生产中广泛存在的一类问题的方法:当系统存在不同的稳定生产状态或工况,且过程变量的数据整体不服从正态分布时,确定系统控制极限的方法。显然,不区分工况直接确定的控制极限偏差较大,易于出现误报警和漏报警。而采用与每种工况相应的控制极限,将降低过程监控的误报和漏报的概率。

3.3.1 多变量系统中过程变量的经验分布

假设待监控的多变量系统的测量数据矩阵为 $\boldsymbol{X} \in \mathbf{R}^{n \times m}$,$n$ 为测量样本个数,m 为测量系统传感器的个数。$\boldsymbol{X}$ 的每列对应一个被测变量按时间顺序的采样值;$\boldsymbol{X}$ 的每行是全部被测变量的一个样本。

记 $\boldsymbol{X}_i = (x_{1i}, x_{2i}, \cdots, x_{ni})(1 \leqslant i \leqslant m)$ 为 $\boldsymbol{X}$ 中的第 i 列(即第 i 个被测变量的系列采样值),则其极差记为

$$R(\boldsymbol{X}_i) = \max(\boldsymbol{X}_i) - \min(\boldsymbol{X}_i) \tag{3-9}$$

与求取单变量经验分布的方法类似,对每一个 $i(1 \leqslant i \leqslant m)$,将 $\boldsymbol{X}_i \in \mathbf{R}^n$(即测量

矩阵的每一列元素)的极差按等距的原则分为 N 个小区间,每个区间的长度为

$$c_i = \frac{R(\boldsymbol{X}_i)}{N} \tag{3-10}$$

对应的区间分别记为 $c_{i1}, c_{i2}, \cdots, C_{iN}$。$\boldsymbol{X}_i$ 中的每一个数都属于其中的一个区间。这样将该列数据分成了 N 组。

统计 $\boldsymbol{X}_i$ 中落入每个小区间的样本数占样本容量的百分比为

$$f_{ir} = \frac{v_{ir}}{n} \quad (r=1,2,\cdots,N, v_{ir}\text{为落入该区间样本数值的个数}) \tag{3-11}$$

根据概率的定义可知

$$P_{ir}\{\boldsymbol{X}_i \in c_{ir}\} \approx f_{ir} \tag{3-12}$$

则测量值落入每个小区间的平均概率密度为

$$p_{ir}\{\boldsymbol{X}_i \in c_{ir}\} \approx \frac{f_{ir}}{\frac{R(\boldsymbol{X}_i)}{N}} = \frac{Nf_{ir}}{R(\boldsymbol{X}_i)} \tag{3-13}$$

以小区间的长度为底,以 $p_{ir}(r=1,2,\cdots,N)$ 为高作矩形,得到的直方图即是 $\boldsymbol{X}_i$ 的经验概率分布图。在 n 和 N 足够大时,该直方图接近 $\boldsymbol{X}_i$ 的总体概率密度分布。

中心极限定理表明,在系统只存在一个稳定状态(工况)时,被测变量随样本容量增大都趋向于服从正态分布。但当系统存在多种工况时,变量的中心值以较大概率出现在不同工况时所对应的中心位置,故其经验分布明显呈现多个波峰。本书以两个波峰为例。

图 3-6 中的两个峰值代表了该生产过程在不同工况下消耗蒸汽的流量不同。如果按照标准正态分布处理会使蒸汽管网控制极限定得过宽,无法起到预警和保护的作用。

3.3.2 样本分组与状态域的划分

由于生产过程可能处于不同的工况,每种不同工况持续的时间比处于过渡状态下的时间长,因此采集到的数据会在不同工况所处的状态域聚集。不同工况下,变量之间的约束关系也可能不同,有必要将样本按工况分组后分别进行处理,针对不同工况使用不同的控制极限。

按照如图 3-7 所示的流程,可将测量数据矩阵(即样本数据 $\boldsymbol{X}$)分类成不同的数据组。这些数据组代表了多变量系统不同的工况。

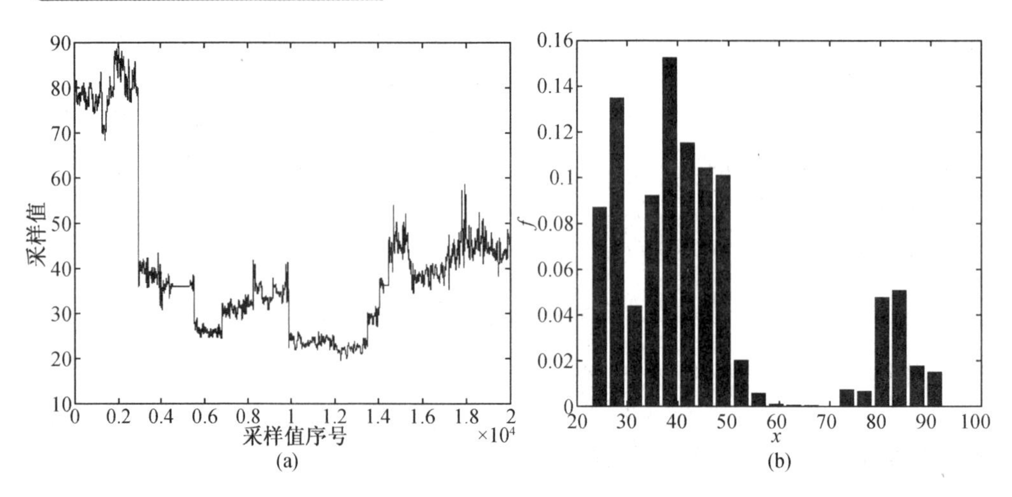

图 3-6　某钢铁企业炼钢蒸汽流量经验概率密度分布

(a)蒸汽流量变化趋势;(b)蒸汽流量的经验分布

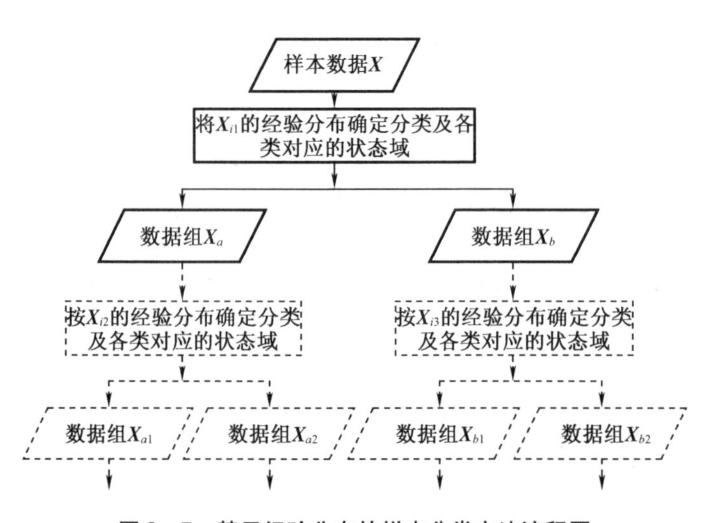

图 3-7　基于经验分布的样本分类方法流程图

在第一次分类时,不妨设 $i = i_1(1 \leqslant i_1 \leqslant m)$ 时,$\boldsymbol{X}_i$ 的经验分布表现为两个波峰,用两个正态分布拟合两个波峰。用每个拟合的正态分布,代表一种生产状态下数据的经验分布。若前后峰正态拟合的均值与偏差分别记为 $X_{i,s1}$、$\boldsymbol{\sigma}_{i,s1}$、$X_{i,s2}$、$\boldsymbol{\sigma}_{i,s2}$,则用以下规则判定该系统的工况 S:

$$S = \begin{cases} S_1 & x_{ik} \in [\min(X_i), X_{i,s1} + \gamma\boldsymbol{\sigma}_{i,s1}] \\ S_2 & x_{ik} \in [X_{i,s2} - \gamma\boldsymbol{\sigma}_{i,s2}, \max(X_i)] \end{cases} \quad k = 1,2,\cdots,n \tag{3-14}$$

式中，x_{ik} 为 $\boldsymbol{X}_i$ 中的第 k 个元素；S_1、S_2 表示两种不同的工况。

依据中心极限定理，当多变量系统处于单一工况下，且获得的样本数足够大时服从正态分布。具有两种工况的双峰分布，可以看成是两个正态分布。每个正态分布的样本值范围可参照“3σ”原则确定，即根据处于该工作状态时变量的变化范围确定式(3-14)中的 γ 的取值，使 $1 \leqslant \gamma \leqslant 3$。应尽量使状态域覆盖正常操作数据，且状态域之间没有重叠或以很小概率重叠。否则，操作状态变化对该变量的影响不突出，用普通 PCA 即能满足监控需要，非本书描述的情况。

由于数据矩阵 $\boldsymbol{X}$ 的每行为一个样本，按照式(3-14)即将 $\boldsymbol{X}$ 分成两组 $\boldsymbol{X}_a \in \mathbf{R}^{n_1 \times m}$ 和 $\boldsymbol{X}_b \in \mathbf{R}^{n_2 \times m}$（式中，$n_1 + n_2 \leqslant n$，个别样本因不属于任一个状态域而被舍弃）。

然后，针对数据组 $\boldsymbol{X}_a$，做第二次分类。不妨设存在 $i = i_2$（$1 \leqslant i_2 \leqslant m$，且 $i_2 \neq i_1$）时，$\boldsymbol{X}_{ai}$（$\boldsymbol{X}_a$ 的第 i 列）的经验分布表现为两个波峰，也可以确定类似式(3-14)的状态划分规则，并将数据组 $\boldsymbol{X}_a$ 分成两组 $\boldsymbol{X}_{a1} \in \mathbf{R}^{n_{11} \times m}$ 和 $\boldsymbol{X}_{a2} \in \mathbf{R}^{n_{12} \times m}$（式中，$n_{11} + n_{12} \leqslant n_1$，个别样本因不属于任一个状态域而被舍弃）。

同理，针对数据组 $\boldsymbol{X}_b$，$i = i_3$（$1 \leqslant i_3 \leqslant m$，且 $i_3 \neq i_1$）也有可能被进一步分成两组 $\boldsymbol{X}_{b1}$、$\boldsymbol{X}_{b2}$。

用同样的方法还可以进一步分析 $\boldsymbol{X}_{a1}$、$\boldsymbol{X}_{a2}$、$\boldsymbol{X}_{b1}$、$\boldsymbol{X}_{b2}$ 数据组中未参与分类的其他被测变量是否也存在双峰分布的情况，如存在，则该组数据又能细分为两组，依此类推。最后能将整个样本细分为若干种稳定状态，且每种状态都有明确的变量空间的变化区域。这样针对每种状态确定的控制极限成为可能。但是过度（当该组样本数量小于能反映该变量处于本状态的统计特性的数量时，即认为是“过度”）细致的分类会导致最终分类得到每组数据的样本数量变小，误差增大，监控效果不一定会提高。

需要说明以下三点。

(1)经验分布的波峰个数不一定是2。如果大于2，对应的分类组数应与波峰数相等。

(2)若针对每个变量在分组时都存在两种状态，则理论上可将 $\boldsymbol{X}$ 划分成 2^m 组数据，对应系统的 2^m 种工况。但实际生产中有些变量的经验分布不表现为两个波峰，因此，不是每个数据组都能完成 m 次分类，故实际的分类组数 $G \leqslant 2^m$。

(3)在数据分组时，同时出现两个以上变量的经验分布表现为多个波峰（$\geqslant 2$）时，先取其中波峰数较少的变量作为分类依据。与该变量相关联的变量在本次分类的同时，也完成了对不同波峰的分类。

3.3.3 不同工况时主元分析与多变量控制极限的确定

通过样本分组,使每组样本数据分布较为集中。先对 $\boldsymbol{X}_a$ 做标准化处理。

记

$$\boldsymbol{X}_a = (\boldsymbol{x}_1, \boldsymbol{x}_2, \cdots, \boldsymbol{x}_m) \tag{3-15}$$

式中,$\boldsymbol{x}_1, \boldsymbol{x}_2, \cdots, \boldsymbol{x}_m \in \mathbf{R}^{n_1 \times 1}$,求取各列的均值与标准差,分别记为

$$\boldsymbol{M}_a = (m_1, m_2, \cdots, m_m) \in \mathbf{R}^{1 \times n_1} \tag{3-16}$$

$$\boldsymbol{S}_a = (s_1, s_2, \cdots, s_m) \in \mathbf{R}^{1 \times n_1} \tag{3-17}$$

测量数据标准化(以标准差代替偏差)以后的数据阵为

$$\widetilde{\boldsymbol{X}}_a = [\boldsymbol{X}_a - (1, 1, \cdots, 1)^{\mathrm{T}} \boldsymbol{M}_a] \operatorname{diag}\left(\frac{1}{s_1}, \frac{1}{s_2}, \cdots, \frac{1}{s_m}\right) \tag{3-18}$$

对标准化后样本的协方差阵 $\boldsymbol{C} = \frac{1}{n-1} \widetilde{\boldsymbol{X}}_a^{\mathrm{T}} \widetilde{\boldsymbol{X}}_a$ 进行特征值分解和正交化处理,得到 $\boldsymbol{C}$ 的特征向量与特征值,按 PCA 模型可以写成

$$\widetilde{\boldsymbol{X}}_a = \hat{\boldsymbol{X}}_a + \boldsymbol{E} = \boldsymbol{T}_a \boldsymbol{P}^{\mathrm{T}} + \boldsymbol{E} \tag{3-19}$$

$$\boldsymbol{T}_a = \widetilde{\boldsymbol{X}}_a \boldsymbol{P} \tag{3-20}$$

式中,$\boldsymbol{P} \in \mathbf{R}^{m \times A}$ 为负载矩阵,将 $\boldsymbol{C}$ 的特征值由大到小排列后,前 A 个特征值 $\boldsymbol{\lambda}_a = (\lambda_1, \lambda_2, \cdots, \lambda_A)$ 分别对应的特征向量单位正交化之后组成 $\boldsymbol{P} = (P_1, P_2, \cdots, P_A)$,$A$ 为选定的主元个数;$\boldsymbol{T}_a \in \mathbf{R}^{n_1 \times A}$ 为相应的得分矩阵;$\boldsymbol{E}$ 为误差阵。

1. Hotelling's T^2 统计量指标

设第 j 时刻过程向量记为 $\widetilde{\boldsymbol{X}}_a$(行向量),该时刻对应的得分向量记为 $\boldsymbol{T}_{aj}$(即 $\boldsymbol{T}_a$ 矩阵的第 j 行),T_{aj}^2 统计量定义为

$$\boldsymbol{T}_{aj}^2 = \boldsymbol{T}_{aj} \boldsymbol{\lambda}_a^{-1} \boldsymbol{T}_{aj}^{\mathrm{T}} \tag{3-21}$$

当检验水平为 α 时,其控制极限按照 F 分布计算:

$$T_{A, n_1, \alpha}^2 = \frac{A(n_1 - 1)}{n_1 - A} F_{A, n_1 - 1, \alpha} \tag{3-22}$$

式中,$F_{A, n_1 - 1, \alpha}$ 是对应于检验水平为 α,自由度为 $A, n_1 - 1$ 条件下的临界值。

2. 平方预测误差(SPE)统计量指标

SPE 也称为 Q 统计量,对第 j 时刻

$$Q_{aj} = \boldsymbol{e}_{aj} \boldsymbol{e}_{aj}^{\mathrm{T}} = \widetilde{\boldsymbol{X}}_{aj} (1 - \boldsymbol{P}\boldsymbol{P}^{\mathrm{T}}) \widetilde{\boldsymbol{X}}_{aj}^{\mathrm{T}} \tag{3-23}$$

其控制极限按式(3-24)计算:

$$\delta_\alpha^2=\theta_1\left[\frac{c_\alpha\sqrt{2\theta_2h_0^2}}{\theta_1}+1+\frac{\theta_2h_0(h_0-1)}{\theta_1^2}\right]^{\frac{1}{h_0}} \tag{3-24}$$

式中，$\theta_i=\sum_{j=A+1}^{m}\lambda_j^i(i=1,2,3)$；$h_0=1-\frac{2\theta_1\theta_3}{3\theta_2^2}$；$c_\alpha$ 为标准正态分布置信水平 α 下的阈值。

系统正常运行时，两个统计量都不大于其对应的统计控制极限，即

$$T_{aj}^2\leqslant T_{A,n_1,\alpha}^2 \tag{3-25}$$

而且

$$Q_{aj}\leqslant\delta_\alpha^2 \tag{3-26}$$

同理，对 $\boldsymbol{X}_b$ 做同样的处理，也能得到对应的控制极限：

$$T_{bj}^2\leqslant T_{A,n_2,\alpha}'^2 \tag{3-27}$$

而且

$$Q_{bj}\leqslant\delta_\alpha'^2 \tag{3-28}$$

显然，解决两组数据的控制极限的方法一致，但得到的控制极限是不同的。

3. 两个统计指标的几何意义

由图3－8可以看出 Q 统计量和 T^2 统计量的几何意义。Q 统计量度量一个点偏离主元模型的程度。假设三个过程变量，其正常运行的样本值分布在一个三维空间的平面上，如图中的“Δ”代表了过程的正常运行数据点。这个过程可以用两个主元描述。Q 统计量表示从该点到由这两个主元构成的平面的距离。T^2 统计量代表了空间两点的距离。其中一点为多变量的均值，或这组样本的中心点。T^2 统计量控制限在主元平面上定义了一个椭圆。当过程处于正常运行状态时，数据采样点的 T^2 统计量位于这个椭圆的内部。图3－8中的“∘”点 T^2 统计量超出了这个椭圆的范围（T^2 超控制限）。

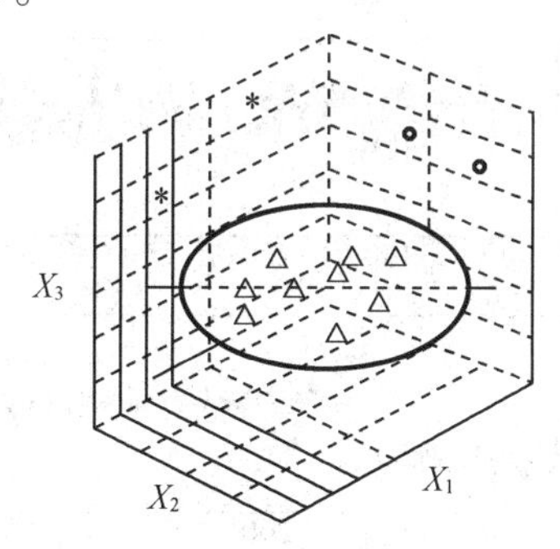

图3－8　SPE 指标与 Hotelling's T^2 统计量的几何意义

进一步分析发现,“o”在两个主元确定的平面上(SPE 指标在控制限内)。因此为了减少漏报警的情况,实际中多变量统计过程控制采用两个统计量指标相结合的方式。

3.3.4 多工况数据监控效果

根据以上思想,设计了两个实验。实验数据来自某钢铁公司局部蒸汽管网的三个测量点的实时数据。其中前340个样本为训练数据,后增加了38个样本为经过修改的测试数据。第167~172号样本处于状态转移过程(真实数据),第350~355号样本为状态过渡样本(人为修改),第356~358号样本为正常状态,第360~365号样本偏离正常的关联关系。图3-9为变量变化的趋势图与散点分布图,表明数据样本在空间分布上明显在两个区域聚集,且三个变量之间有关联关系。

按3.2.2所述的分类方法,依变量 X_3 求取经验分布,将数据分成两个数据组。由于 X_1 与 X_3 相关联,在依 X_3 分类完成之后,在 X_1 两组数据中都表现为一个波峰,X_2 的分布一直为单个波峰。因此最终得到两组数据,对应两种不同稳定工作状态及其状态域。

为了便于对照,也做了不区分状态直接PCA得到的Hotelling's T^2 及平方预测误差SPE报警极限监控的效果,如图3-10所示。

针对每种状态做PCA分析并确定其控制极限。其监控的效果如图3-11所示。

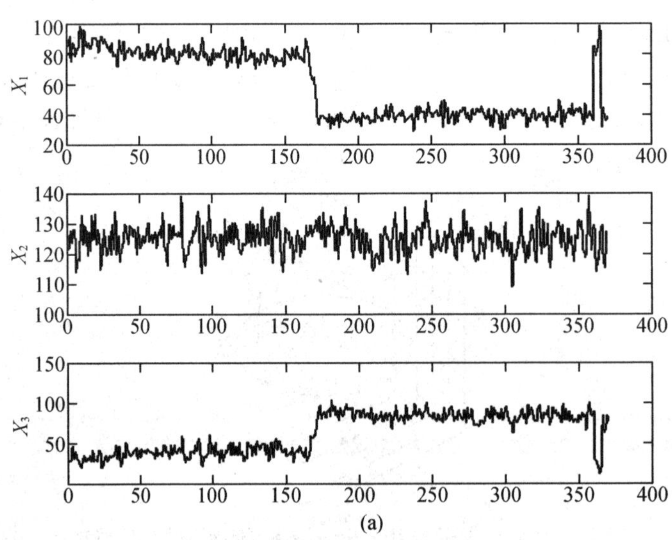

(a)

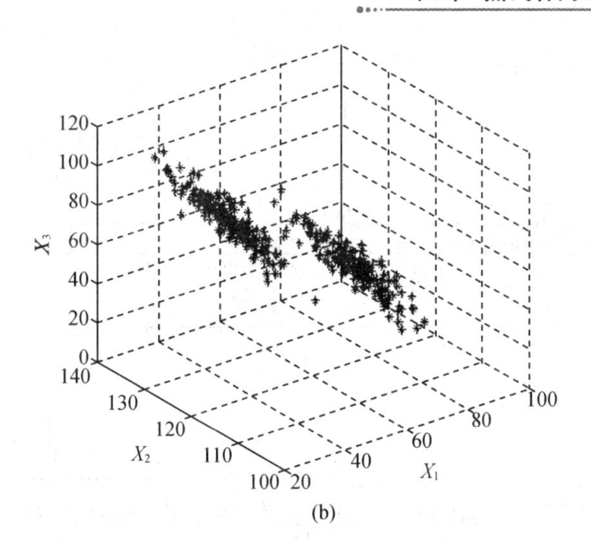

(b)

图 3－9 变量变化趋势图与散点分布图

(a)变量变化趋势图;(b)散点分布图

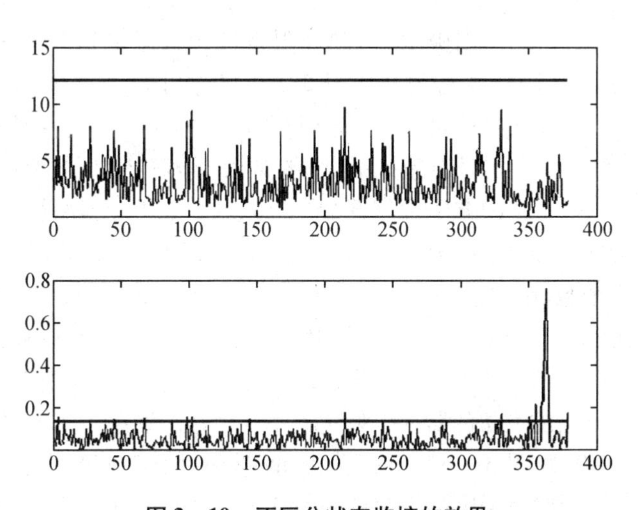

图 3－10 不区分状态监控的效果

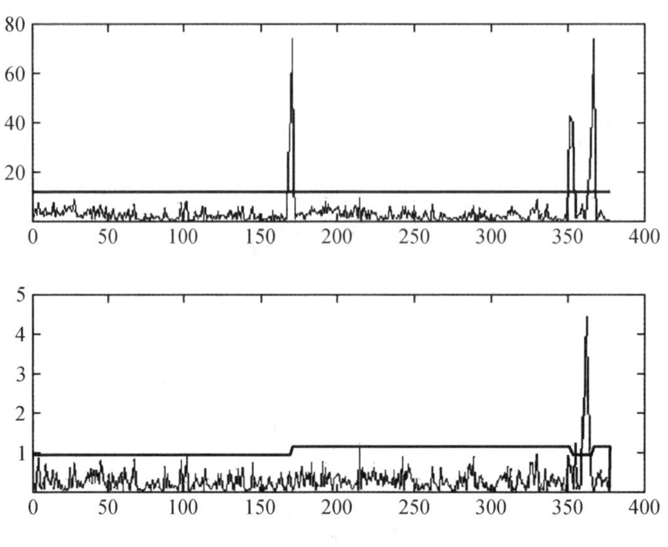

图 3-11 区分状态监控的效果

对照图 3-9 和图 3-10：图 3-10 对于状态转移过程 T^2 和 SPE 都没有报警。实际上，由于统一划分的控制极限，控制极限将过渡状态也划分到正常区域之中。在需要提示操作人员操作状态发生变化时（生产中往往有必要），就会造成漏报警。在 SPE 图中，出现一些零散到达 SPE 报警限的样本点。这主要是由于两种状态下，变量的约束关系其实是有差别的（主要是由于蒸汽在不同流量分布下管网消耗不同引起的），图 3-9 的方法没有区分，导致误报警（12 个误警点）。由图 3-10 可以看出 T^2 控制极限的大小与状态无关，据式（3-22）可知在采用的两种状态下的训练样本数主元个数相同时 T^2 控制极限相同；而 SPE 的控制极限与状态有关。图 3-10还表明：在系统处于过渡状态时，采用本书方法设定的控制极限，对监测样本中几个异常测试点都能做出明确判断报警，SPE 指标中仅有两处误报警点，误报警概率很低。可见本书给出的方法的监控效果优于不区分状态确定控制极限的方法。

比较图 3-10 和图 3-11 可以发现两图中 T^2 控制极限基本相同。由式（3-22）可知，T^2 控制极限由 F 分布的三个要素，即训练样本数、主元个数 A 和报警检验水平由 θ 决定。在本例中，只有训练样本数不一样（170，340），经查表得到的 F 值几乎相同（约 3.06）。SPE 控制极限有较大区别，图 3-10 控制极限较小，而图 3-11 控制极限较大。主要是因为图 3-10 样本变化范围大，选择两个主元的 PCA 模型误差较小，而本书方法对应的图 3-10 情况相反。但是图 3-10 和图 3-11 的各自的统计量是在不同的均值和标准差下进行标准化，得到的值完全不同，因而即使控制极限相同，监控的效果并不相同。

3.4 非线性系统分段 PCA 监控的方法

PCA 模型监控本质上近似为线性系统。但是当变量偏移其线性化初始点较远时,线性化误差增大,采用单个 PCA 模型监控系统状态就会出现误报警。针对这个问题,本节讨论非线性系统分段 PCA 监控的方法在蒸汽管网监控的应用问题。

3.4.1 单个蒸汽管道的数学模型与模型特性

根据第 2 章描述,蒸汽在管道中传输行为的数学模型,是对单个蒸汽管道出入口压力、温度及管道中蒸汽流量这几个变量的相互关系进行仿真,分析其特性。

1. 单管段水力学方程

如前所述,水力学方程描述蒸汽管段流量与压力损失之间的关系。图 3 - 12 标出了蒸汽流经单管时各物理量及其测取的位置。公式及符号的定义与式(2 - 36)相同。

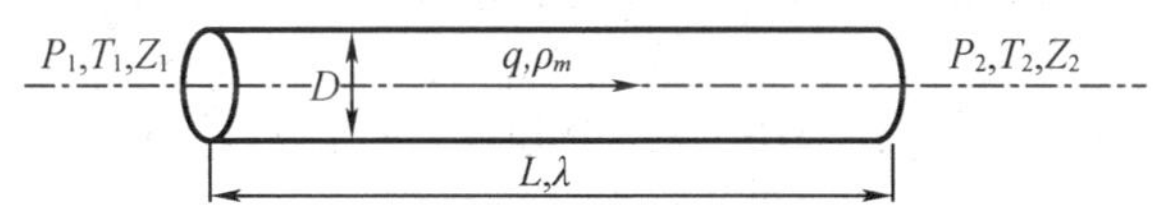

图 3 - 12 单根蒸汽管道及各物理量标识图

$$P_1^2 - P_2^2 = 1.25 \times 10^8 \frac{\lambda q^2 P_1 T_2 Z_2 L}{D^5 \rho_m T_1 Z_1} \tag{3-29}$$

2. 单管段热力学方程

热力学方程确立热力管道的热损失和热媒沿管道的温度降。根据能量守恒原理,并将单位变换为工程常用单位之后,其静态热力学方程如下:

$$T_1 - T_2 = \frac{(1+\beta) q_l L}{1\ 000 c_p q \times \frac{1\ 000}{3\ 600}} \approx \frac{(1+\beta) q_l L}{278 c_p q} \tag{3-30}$$

式(3 - 30)符号的定义与式(2 - 45)的完全相同。

以式(3 - 29)和式(3 - 30)为基础,进行了如下仿真研究。

选取内径为 $D = 300$ mm、长度为 $L = 600$ m 的标准钢套钢保湿蒸汽管道。以钢铁企业某段蒸汽管道实测数据设定变量的变化范围,且在测试数据叠加随机变量时模拟测量随机误差。该随机变量值以被测数据真实值2%为幅值随机生成。

图3-13表示在$P_1=0.85$ MPa、$T_1=290$ ℃、$T_2=260$ ℃的条件下入口和出口压力差($\Delta P=P_1-P_2$)对蒸汽流量值的影响。很明显这些点不在同一条直线上。图3-13中实线段是这些点近似拟合线段。由图3-13可见,蒸汽管道出入口压差对蒸汽流量有显著影响。

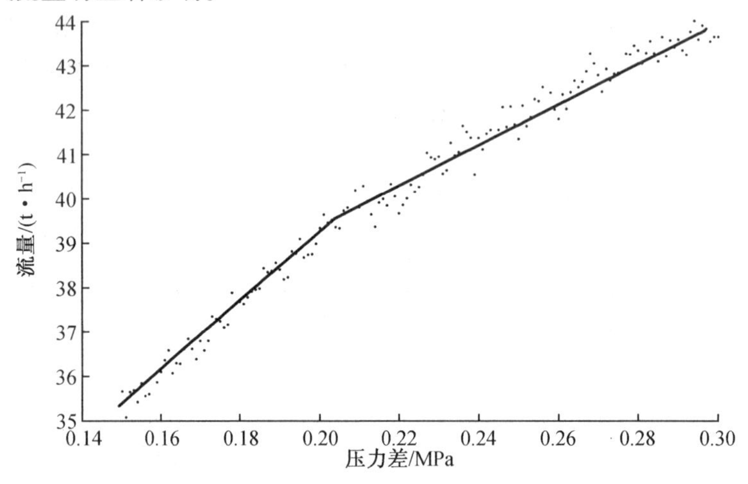

图3-13 蒸汽管道入出口压差与流量的关系

图3-14表示在$P_1=0.85$ MPa、$T_1=290$ ℃、$P_2=0.7$ MPa、$T_2=260\sim280$ ℃条件下,出口温度与管道中蒸汽流量的变化关系。与出入口差压相比,出口温度对流量变化的影响较弱。

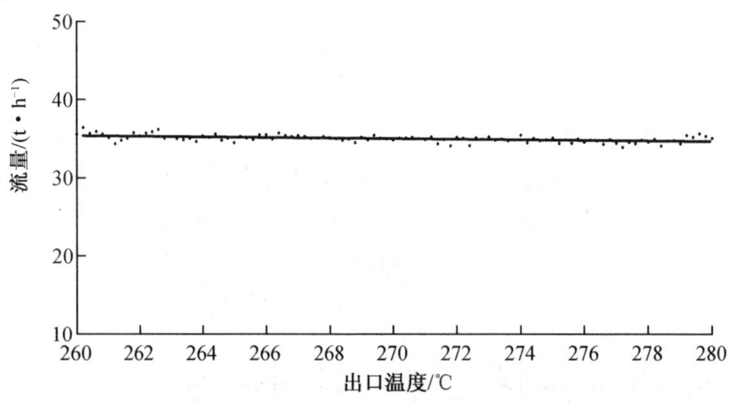

图3-14 蒸汽管道出口温度与流量的关系

图3-15表示入口压力变化时,管道内蒸汽流量变化的情况。在这里考虑使

$\Delta P = P_1 - P_2 = 0.15 \sim 0.30$ MPa,其他变量分两种情况:(1)$P_1 = 0.85$ MPa,$T_1 = 290$ ℃,$T_2 = 260 \sim 280$ ℃;(2)$P_1 = 0.75$ MPa,$T_1 = 283$℃,$T_2 = 260 \sim 280$ ℃。在图3-15中得到两组散点。可见,入口蒸汽压力以及入出口蒸汽压力差对流量的影响非常显著。进一步地还可发现无法用单根直线段拟合这些散点。

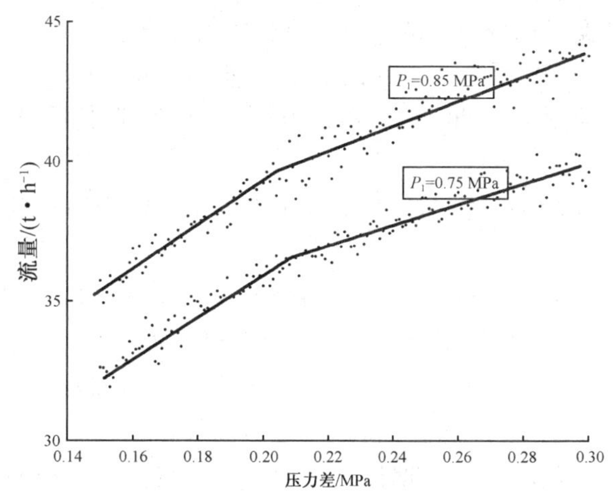

图3-15 蒸汽管道入口压力与流量的关系

以上研究表明,P_1、T_1、P_2、T_2,q 这些变量之间是非线性的关系。这些变量之间除了内部强耦合之外,还受到外围参数与蒸汽状态的影响,建立精确数学模型的难度很大。但是,在特定的时间段,蒸汽管网的数学模型参数变化不大,而这段时间的数据都可以支持对该模型的辨识。因此采用 PCA 的方式,用数据驱动建立对应的监控模型是可能的。考虑到 PCA 监控模型本质是以线性特性为基础,针对蒸汽管网变量大范围变化时出现误差较大的问题,采用按变量分段分区的方法分别建立监控模型。通过判断待诊断数据所处的区间,选用对应的监控模型,将有效减小误判的概率。

3.4.2 分段 PCA 多变量监控的方法

具有明显非线性特征的蒸汽管网监控对象,传统的 PCA 无法直接进行多变量监控,其主要原因是待监控变量的变化范围扩大后,按线性系统建立的 PCA 模型误差过大。为此,把变量的变化范围进行分段,针对不同的分段建立 PCA 模型,这就是分段 PCA 多变量监控的方法。

理论上,对于一个 n 维系统,如果每个变量的间隔在可变范围内被划分为 m 个区间,则总共将有 m^n 个空间区域,问题会变得非常复杂。在实践中,可以根据系统的实际需求选择关键变量和划分区间的数量。

因此,分段 PCA 的过程可按以下步骤执行。

(1)从实际系统或模拟系统收集数据作为训练数据,从中剔除不正常的数据。

(2)分析每个变量训练数据的分布规律和变化范围。

(3)确定该系统中需要重点关注的变量(highest concerned variable , HCV)。

(4)确定对重点关注变量有显著影响的最关键影响变量(critical influencing variables , CIV)。

(5)根据 HCV 和 CIV 的统计分布,预置要分割的区间的数量和各个区间的边界。

(6)将收集的数据分组到对应的空间区域,并以空间区域的中心为基准点,将分组数据标准化为零均值和单位偏差,保存每个组的实际均值和偏差。

(7)根据上一节论述的 PCA 原理和步骤,分别对每组数据进行 PCA 分析。记下模型的重要参数,以及统计量 T^2 和 SPE 控制极限。

(8)将经过标准化的训练数据代入模型,形成统计量 T^2 和 SPE 控制图,以监控蒸汽管网运行状态。通常情况下,不应该有警报。否则,返回步骤(3)重选数据建模。

(9)针对特定样本数据中任一变量的值,按照一定比例人为改变其大小,以确认 PCA 模型监控性能是否满意。如果性能不理想,则代表训练数据不够完整,需要新加入数据并返回到步骤(1)重新开始。

(10)用性能测试满意的模型在线监控新产生的数据,实现系统的实时监控。

3.4.3 分段 PCA 监控蒸汽管网的效果

为了评估分段 PCA 在蒸汽网络运行监控的有效性,本书研究了单根蒸汽管道测控变量监控的问题。通过收集和持续监测蒸汽管网在该管段的变量变化情况,其目的是发现测量仪表异常或蒸汽管道泄漏问题。

根据应用背景和数据分析结果,管道中蒸汽流量 q 被选定为 HCV,而入口压力与差压 P_1、ΔP 被选定为 CIV。根据收集到的数据样本,把这个空间分为 4 个区域,如图 3-16 所示。

区域 1:$P_1 \leq 0.79, \Delta P \leq 0.18$;

区域 2:$P_1 \leq 0.79, \Delta P > 0.18$;

区域 3:$P_1 > 0.79, \Delta P \leq 0.18$;

区域4：$P_1>0.79,\Delta P>0.18$。

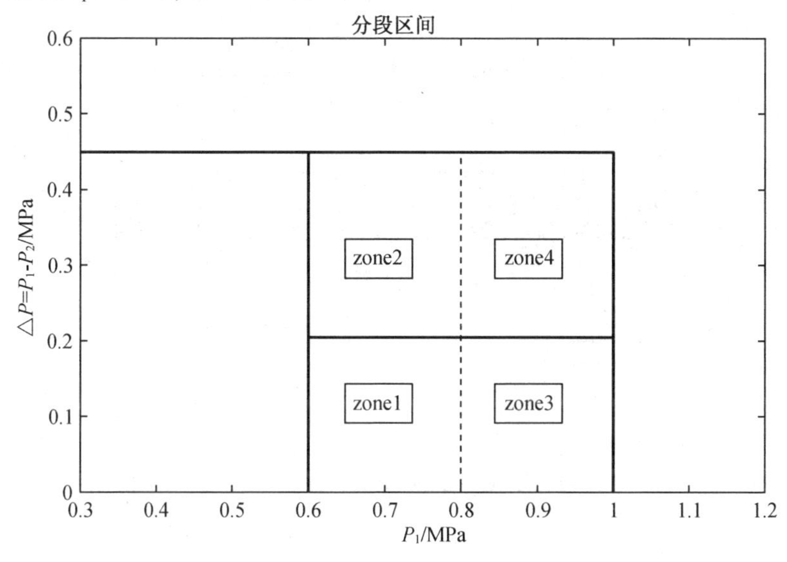

图3-16 分段PCA区域划分

将蒸汽管网监测的变量按式(3-30)组成向量，每一个同时测得的向量即为一个测量样本。

$$X=(x_1,x_2,x_3,x_4,x_5)=(P_1,T_1,\Delta P,T_2,q) \tag{3-30}$$

根据4个区域的定义域对样本进行分组，得到4组样本。从每个组中选取100个样品进行PCA分析并绘制SPE和T^2控制图。这些控制图分别为图3-17、图3-18、图3-19和图3-20。每张控制图中曲线为SPE和T^2统计变量值，曲线的上方为该统计变量的控制极限。通过每组训练样本可获得对应的PCA模型参数$\lambda_i\hat{P}k$及对应T^2和SPE的控制极限。可见，训练样本对应的SPE和T^2统计量都低于控制极限(否则需要补充数据重做PCA分析)。通常，不同区域的控制极限也不同。

在此之后，又选择了210个新样本测试该方法的效果，监测控制图的效果如图3-21所示。图3-21中，1~120号样本为处于4个不同区域的状态，每个区域30个样本，采用每个样本对应的PCA控制没有超限(报警)的情况；121~190号样本原本是正常数据样本，但是为了测试算法的灵敏程度，每隔3个样本就修改该样本向量，使其中任一变量值增大或减小10%，以模拟测量仪表故障或蒸汽管网运行故障(目前蒸汽管网测控现场，允许出现小于10%的测量误差)；191~210号样本则是从区域1和区域2取出的正常数据，分别采用区域3和区域4的PCA参数及控制极限。这样做是为了验证区间样本值的监控与对应区间 PCA 模型之间的关系。

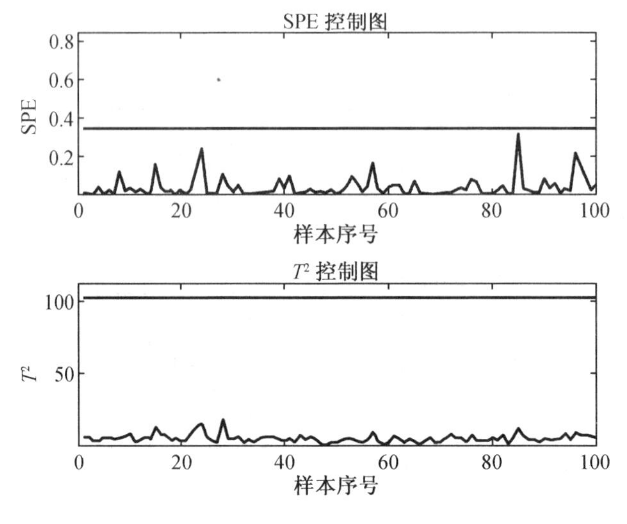

图 3－17　zone1 的控制图

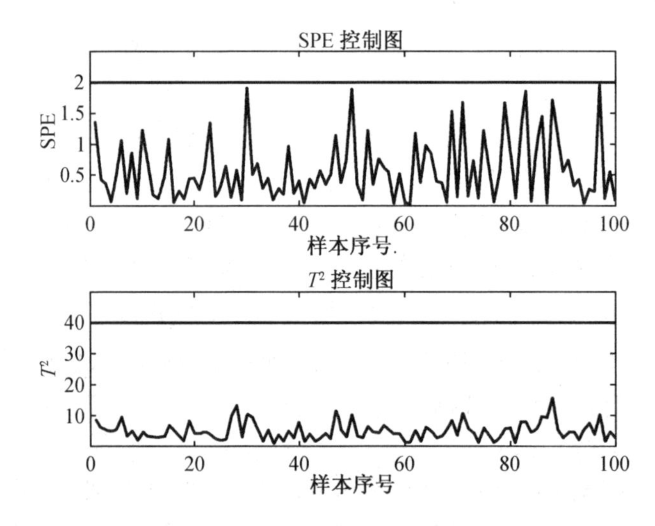

图 3－18　zone2 的控制图

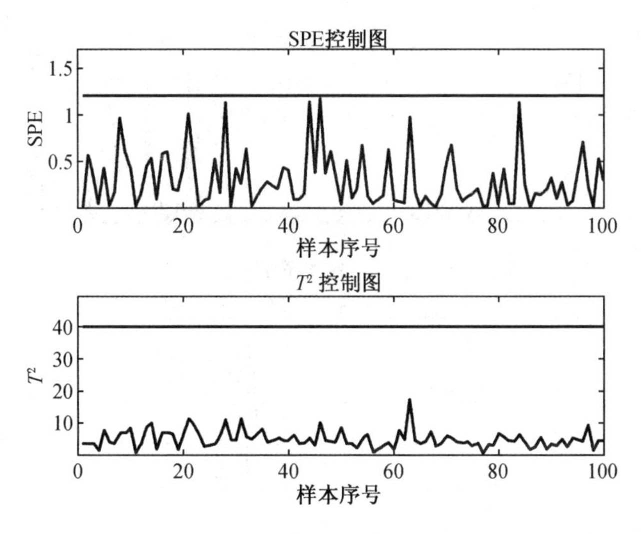

图 3－19 zone3 的控制图

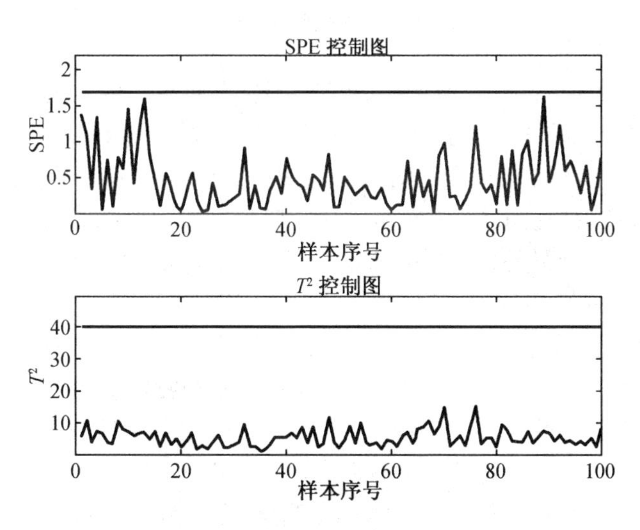

图 3－20 zone4 的控制图

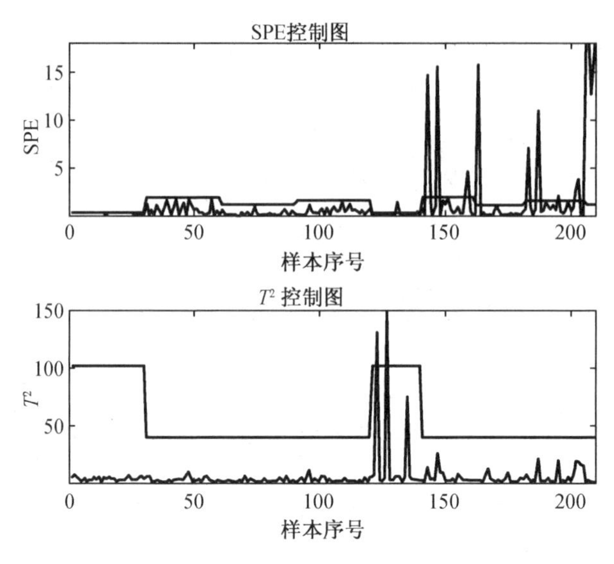

图 3-21　监测控制图的效果

从图 3-21 可以看出，对于 1～120 号样本，当使用生成的模型来测试训练样本时，没有超出 SPE 和极限的报警。这证明了该模型的有效性。

121～190 号样本测试结果说明：如果其中一个变量在一定幅度内变化，则 SPE 或 T^2 将超出报警限值。SPE 和 T^2 两个统计变量一般不会同时超过控制限。如果同时关注这两个统计量的超限报警信息，就不会出现漏报警的情况。

191～210 号样本测试说明：如果不采用对应区间的 PCA 模型参数与控制极限，其 SPE 统计量显著超出其控制限。这表明分别分段 PCA 线性化的必要性。通过分段 PCA 建模与监控的办法，将线性化误差限制在特定范围内。

在出现超限报警后，可以按前述的方法，进一步定位故障数据甚至大致估算该数据，从而达到了高效、快速的故障数据定位及校正。

虽然本例只是针对单根的蒸汽管道做测试，但这种方法可扩展到由多个单管道组成的蒸汽管网。但是变量的数量会大量增加，实际应用会更加复杂。

3.5　本章小结

本章主要分析了蒸汽管网远程测量数据的监控问题。通过对数据的监控，及时发现异常数据，对数据质量有粗略的判断。单变量统计过程控制和多变量统计过程控制方法的关键是确定单变量和多变量监控的控制极限问题。

针对单变量的控制极限问题,利用该变量的历史数据,得到对应的经验分布。再按照"3σ"原理定义的控制极限对应的概率,在经验分布中寻找与该概率对应的变量取值,形成对应的控制极限。这种方法以数据统计为基础,划分的控制极限并不一定对称,在生产实际中比采用正态拟合的方法划分的控制极限合理。

针对多变量的控制极限问题,提出一种区分过程状态的基于 PCA 确定多变量系统控制极限的方法。依据经验分布对有多个峰值的变量划分状态空间变化范围(状态域),实现样本分组。针对每组数据做 PCA 分析,分别确定各组数据的 Hotelling's T^2 和 SPE 的控制极限。在实时监控时,判断数据所处的状态,并依据该状态下的控制极限以确定是否报警。

针对非线性多变量复杂系统进行 PCA 分析时,线性化误差过大会引起误报警的问题,因而提出一种分段 PCA 监控的方法。该方法通过确定重点关注的变量 HCV 和最关键影响变量 CIV 对变量变化空间分段分区,对每个区域做 PCA 分析,找到对应的控制极限。在监控时,识别新数据样本所在的区间,调用对应的参数和控制极限以监控数据是否正常,甚至可以估算出正常样本数据。

本章对以上三种情况都做了实际监控效果测试。测试结果表明,本书方法对异常数据、生产过程状态转移都能给出明确的报警信号,且误报警概率很低。

参考文献

[1] ARSHAD W, ABBAS N, RIAZ M, et al. Simultaneous Use of Runs Rules and Auxiliary Information With Exponentially Weighted Moving Average Control Charts[J]. Quality and Reliability Engineering International, 2016(2):323-336.

[2] TEYARACHAKUL S, Chand S, Tang J. Estimating the limits for statistical process control charts: A direct method improving upon the bootstrap[J]. European Journal of Operational Research, 2007, 178(2):472-481.

[3] HONGLIN Z, FAN W, HONGBO S, et al. Fault detection method based on non-negative matrix factorization for multimode processes[J]. CIESC Journal, 2016, 67(5):973-981.

[4] FEI Z, LIU K. Online process monitoring for complex systems with dynamic weighted principal component analysis[J]. Chinese Journal of Chemical Engineering, 2016, 24(6):775-786.

[5] LEE S, KIM S B. Time – adaptive support vector data description for nonstationary process monitoring[J]. Engineering Applications of Artificial Intelligence, 2018 (68):18 –31.

[6] CELANO G, CASTAGLIOLA P. A Synthetic Control Chart for Monitoring the Ratio of Two Normal Variables [J]. Quality and Reliability Engineering International, 2016, 32(2):681 –696.

[7] TRAN K P, CASTAGLIOLA P, CELANO G. Monitoring the ratio of two normal variables using Run Rules type control charts [J]. Quality and Reliability Engineering International, 2016, 32(5):1 853 –1 869.

[8] 周东华, 李钢, 李元. 数据驱动的工业过程故障诊断技术[M]. 北京:科学出版社, 2011.

[9] 张杰,阳宪惠. 多变量统计过程控制[M]. 北京:化学工业出版社,2000.

[10] KANO M, HASEBE S, HASHIMOTO I, et al. Evolution of multivariate statistical process control:application of independent component analysis and external analysis [J]. Computers and Chemical Engineering, 2004, 28(6 –7):1 157 –1 166.

[11] TREASURE R J, KRUGER U, COOPER J E. Dynamic multivariate statistical process control using subspace identification[J]. Journal of Process Control, 2004, 14(3):279 –292.

[12] KU W, STORER R H, GEORGAKIS C . Disturbance detection and isolation by dynamic principal component analysis[J]. Chemom Intell Lab Syst,1995, 30 (1):179 –196.

[13] CHEN T. On reducing false alarms in multivariate statistical process control [J]. Chemical Engineering Research and Design, 2010, 88(4):430 –436.

第4章　蒸汽流量测量系统的显著误差检测

在建立起蒸汽流量的计量、认证、计算和仿真模型之后，蒸汽管网的流量信息趋于完整。但是这些数据中不可避免地会存在显著误差，这些误差由测量仪表故障、定向偏差、干扰和模型误差引起。检测和消除显著误差才能提高数据的精度。本章将描述蒸汽管网显著误差检验的问题；分析显著误差检测硬件条件及显著误差可识别性的条件；论述两种基本的显著误差检测方法，即测量检测(MT)法和节点检验(NT)法的步骤和存在的问题，采用基于TBM证据理论的合成检验方法，形成对显著误差的决策。最后给出显著误差检测实例，证实本章的结论。

显著误差检测和数据协调是密切相关的，但在实施数据校正时，一般采取先检测去除显著误差，再作数据协调，因此本章先论述显著误差检测技术，数据协调将在下一章论述。

4.1　引　　言

过程数据在测量过程中易受到两种误差的影响：随机误差和显著误差。显著误差与过程泄漏、仪表漂移或失灵、系统异常偏离稳态操作区域等类似的非随机事件有关。显著误差在数值上一般会远大于随机误差，不经去除的显著误差会在数据协调算法中传播。因此，去除显著误差是保证数据协调的有效性的前提条件。

显著误差检测需要过程模型作为基础。当前，基于统计假设检验的方法最有效和最常用的是显著误差检测。关于统计假设检验方法应用于显著误差检测的研究很多，其中典型的方法有全局检验(global test, GT)法、测量检验(measurement test, MT)法、节点检验(Nodal Test, NT)法 、广义似然比(generalized likelihood ratio,GLR)法等。这些基本算法都存在一些固有的缺陷，针对这些缺陷研究人员又提出了改进方法。基于统计检验的方法，假设测量误差相互独立或仅存在单个显著误差，但这种假设不成立时统计检验效果变差，于是Tong等人提出采用主元分析法解决这一问题；张溥明等人提出了基于冗余性分析去除显著误差的方法；梅从立等人结合 NT 法和 MT 法,并采用序列补偿法检测显著误差。

针对存在多个显著误差的情况,研究人员也提出一些新策略。其中,序列去除法,基于某一种统计检验采用迭代的方式逐个检测显著误差,去除与之相关的测量值,直到没有显著误差被检出为止。但是,本方法因去除测量变量值的同时也损失了冗余性,降低了估计精度。为了克服这一缺陷,Narasimhan 和 Mah 提出了序列补偿法,该方法在迭代过程中不去除含有显著误差的测量值,而是用该测量值的估计值替代测量值以补偿显著误差。另外同步集合补偿法也被用于显著误差检测。Rollins 等人提出无偏估计技术,先检测出显著误差,之后用同步估计法去除这些显著误差。Sanchez 等人提出了一种显著误差同步估计法,该方法采用迭代的全局检验法寻找最有可能出现显著误差的组合,同时估计显著误差。这种方法被应用于检测过程泄漏的场合。郭思思等人提出一种以绝对最小可分离幅值辨识和分离测量数据中多个显著误差的方法。

在被测变量非线性约束和存在未测量变量的情况下,研究人员提出了同步数据协调与显著误差检测的方法。这些方法包括基于联合分布的修正迭代测量检测法、污染高斯分布法、鲁棒估计法,以及由 Arora 等人研究的混合整数规划及赤池信息准则来调整鲁棒估计的参数方法。

在显著误差检测的算法中,都要求假定系统处于稳定状态,变量的真实值近似为定值。但实际的系统很难完全处于稳定状态,而是经常受外界干扰、系统本身状态转移等影响,变量的真实值随时间发生变化,因此制约了显著误差检验方法在实际检验中的应用效果。

近几年,动态显著误差(离群值)检测问题也被关注。这方面的研究包括:Stanley 和 Mah 建立了基于卡尔曼滤波动态的显著误差检测准则;Narasimhan 和 Mah 将广义似然比方法扩展应用到动态系统;Liebman 等人提出了滑动窗的方法;Rollins 等人提出无偏估计技术;周凌柯等人提出了一种动态系统离群值检测方法,检出离群值后修改数据协调权值以降低显著误差对数据协调的结果的影响。这些方法对所适应的环境有明确的界定,对显著误差检测的准确度还不够,对含有多个显著误差的测量系统效果不明显。陈诚针对化工过程线性动态系统和非线性动态系统显著误差检测问题提出基于动态贝叶斯模型的数据校正方法和改进型粒子滤波与测量检验法相结合的数据校正方法。改进算法得到的结果的鲁棒性更强,校正曲线更平滑。

另外,McBrayer 等人发明了基于非线性动态数据校正获得协调值与测量值差异以检测显著误差的方法。而 Bagajewicz 等人扩展了动态积分测量检验方法,检验由仪表卡死引起的显著误差。Chen 等人应用延长聚类的方法检测离群值,并调整数据协调目标函数的权值,以降低显著误差对数据协调的影响。Chen 等人还用粒子滤波的方法解决同步动态数据协调和离群值检测的问题,并将其与卡尔曼滤波方法做了比较研究。Abuelzeet 等人结合上述方法来同时检测仪表的固定偏差和测量离群值。关于显著误差识别的问题,Edson 等人收集了一些典型应用场景作为评估算法有效性的平台,使这些算法在应用范围与性能比较上有统一的评估方法。由于非线性动态数据校正问题受到模型误差、算法误差、测量误差等的影响,其理论还需要经过较长时间的研究和探索。

4.2 显著误差检测的问题描述与分析

蒸汽管网测量数据中的显著误差,是由系统设计所固有的或者是长期受到定向干扰造成仪表的读数偏离真实值,如仪表堵塞、传感器变送器误差等。显著误差不同于异常数据或数据丢失,存在显著误差的数据精度偏低,但是生产中还有一定的作用。显著误差检测与消除和效果评估是进行数据校正的重要环节,也是数据协调的前提条件。

虽然关于显著误差检验的问题在文献中有很详细的论述,但是在钢铁企业的蒸汽管网的显著误差检测这一具体问题上,由于管网自身的特点、数据的来源与分布不同,其表现出一定的特殊性。本节结合钢铁企业蒸汽管网的实际情况,论述钢铁企业蒸汽管网流量显著误差检验的问题,并分析显著误差的可识别性。

4.2.1 蒸汽管网流量约束方程的建立

为了准确阐述蒸汽管网流量显著误差检测的问题和方法,先研究某钢铁企业的蒸汽管网的一个部分,如图 4-1 所示。图 4-1 中 $N_1 \sim N_5$ 分别代表钢铁企业不同的生产工序,箭头的指向为蒸汽的流动方向,旁边的变量 X_i 或 X_{ij}($i=0,1,2,\cdots,6;j=1,2$)表示该条支路的实际蒸汽的质量流量。这种直观的标注方法,便于理解该流量标志在图中所在的位置。

图 4-1 中的电动阀是控制支路蒸汽流量大小的执行装置,由操作员根据生产需要在中央控制室远程操作。在生产平稳的情况下,这些操作阀处于固定位置。各管段的蒸汽流量基本保持定值。很多工业蒸汽系统在结构和规模上和本部分管网相类似,但是规模比较大。

一般将图 4-1 中产生蒸汽或消耗蒸汽的工序 $N_1 \sim N_5$ 称为环境节点(或外节点),在建立蒸汽管网流量平衡方程时不作为节点考虑。建立方程时只考虑中间节点。

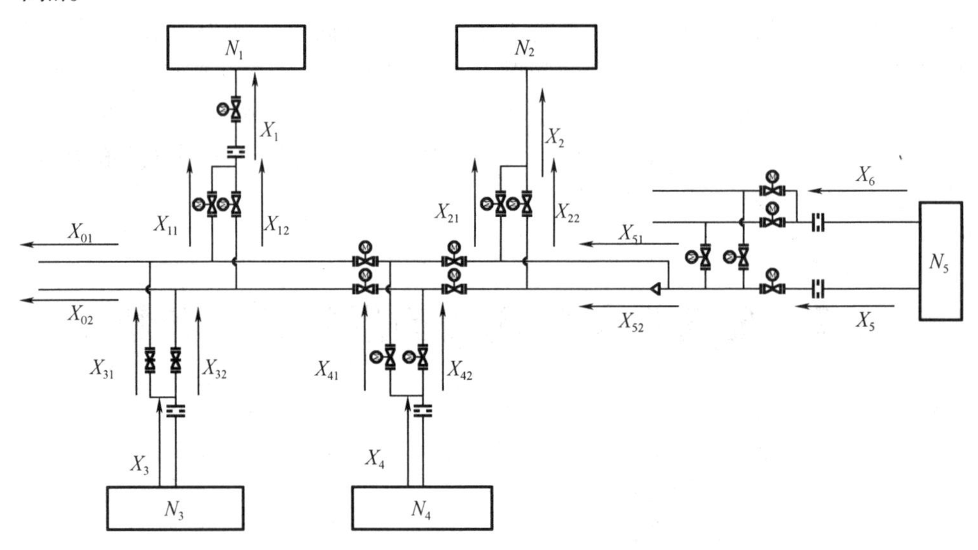

图 4-1　某钢铁企业部分蒸汽管网图

为了方便建立蒸汽管网流量平衡方程，将图 4-1 按照管网连接关系及蒸汽流向改画成如图 4-2 所示的蒸汽管网简化结构图。其中第 6 号和第 7 号中间节点代表两根主干管道，其余中间节点代表蒸汽汇流或分流点。在需要考虑主干管道每一管段的蒸汽流量时，可将 6、7 号节点再细分。图 4-2 中每一个有向线段代表一个蒸汽支路，支路旁标记着该支路蒸汽质量流量和支路号。

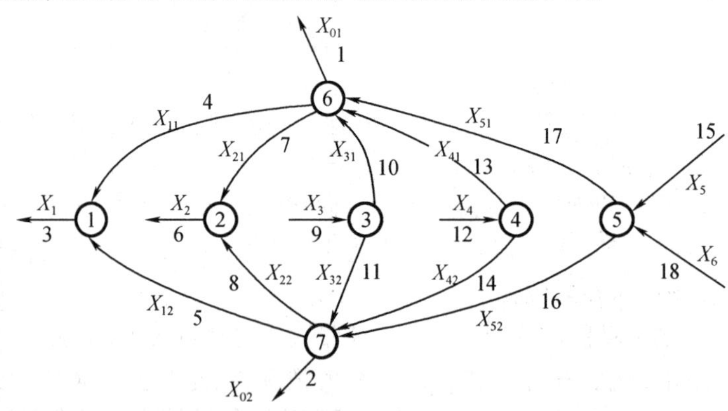

图 4-2　蒸汽管网简化结构图

假定管网处于稳定运行状态，即电磁阀都位于某些确定的位置，所有管内的质量流量都保持稳定，并且管道的泄漏以及蒸汽因冷却转变为冷凝水的量可以忽略不计。

为了便于本书的论述，将各支路的流量按支路序号排列，并将流量值用 X 加支路号下标表示。即有

$$\begin{aligned} \boldsymbol{X} &= (X_{01}, X_{02}, X_1, X_{11}, X_{12}, X_2, X_{21}, X_{22}, X_3, X_{31}, X_{32}, X_4, X_{41}, X_{42}, X_{51}, X_{52}, X_5, \\ &\quad X_6)^{\mathrm{T}} \\ &= (X_1, X_2, \cdots, X_{18})^{\mathrm{T}} \end{aligned} \tag{4-1}$$

针对每个中间节点，列写节点流量平衡方程。假设管网支泄漏、节点无存储和泄漏，则节点处的流量算术和等于 0。依此原理，确定管网关联矩阵 $\boldsymbol{A}$ 的方法如下：

(1)矩阵 $\boldsymbol{A}$ 的行数等于中间节点的个数；

(2)矩阵 $\boldsymbol{A}$ 的列数等于总的支路数；

(3)确定矩阵 $\boldsymbol{A}$ 中的元素。

对于图 4-2，$\boldsymbol{A} \in \mathbf{R}^{7\times 18}$，设 $\boldsymbol{A}$ 中第 i 行第 j 列元素为 a_{ij}，代表第 i 条支路与第 j 个节点的关联关系。即有

$$a_{ij} = \begin{cases} 1 & (\text{第 } i \text{ 条支路进第 } j \text{ 个节点}) \\ -1 & (\text{第 } i \text{ 条支路出第 } j \text{ 个节点}) \\ 0 & (\text{无关}) \end{cases} \tag{4-2}$$

由于各节点的流量算术和为 0，故

$$\boldsymbol{AX} = 0 \tag{4-3}$$

图 4-2 对应的关联矩阵 $\boldsymbol{A}$ 为

$$\boldsymbol{A} = \begin{pmatrix} 0 & 0 & -1 & 1 & 1 & 0 & 0 & 0 & 0 & 0 & 0 & 0 & 0 & 0 & 0 & 0 & 0 & 0 \\ 0 & 0 & 0 & 0 & 0 & -1 & 1 & 1 & 0 & 0 & 0 & 0 & 0 & 0 & 0 & 0 & 0 & 0 \\ 0 & 0 & 0 & 0 & 0 & 0 & 0 & 0 & 1 & -1 & -1 & 0 & 0 & 0 & 0 & 0 & 0 & 0 \\ 0 & 0 & 0 & 0 & 0 & 0 & 0 & 0 & 0 & 0 & 1 & -1 & -1 & 0 & 0 & 0 & 0 & 0 \\ 0 & 0 & 0 & 0 & 0 & 0 & 0 & 0 & 0 & 0 & 0 & 0 & 0 & 1 & -1 & -1 & 1 & 0 \\ -1 & 0 & 0 & -1 & 0 & 0 & -1 & 0 & 0 & 1 & 0 & 0 & 1 & 0 & 0 & 0 & 1 & 0 \\ 0 & -1 & 0 & 0 & -1 & 0 & 0 & -1 & 0 & 0 & 1 & 0 & 0 & 1 & 0 & 1 & 0 & 0 \end{pmatrix} \tag{4-4}$$

需要特别指出：在精细化蒸汽管网的管理中，企业虽然主张“一管一测”和“温压补偿”，实际却很难做到。很多企业的仪表配置不全，且有些仪表还会损坏。因此存在有些流量数据未测量、出错或丢失等情况。在这种情况下，把已测量或正常支路流量矢量记为 $\boldsymbol{X}'$，未测量的支路流量矢量记为 $\boldsymbol{U}$，这些支路对应从 $\boldsymbol{A}$ 阵中抽

出的列组成新的矩阵 $\boldsymbol{B}$,$\boldsymbol{A}$ 阵中剩下的列记为 $\boldsymbol{A}'$。这样新的平衡方程就写成

$$\boldsymbol{A}'\boldsymbol{X}' + \boldsymbol{B}\boldsymbol{U} = 0 \tag{4-5}$$

在考虑管网的非线性和动态的情况下,该方程可以写成更一般的表达式:

$$F(\boldsymbol{X}', \boldsymbol{U}, t) = 0 \tag{4-6}$$

在一个信息量很大的 EMS 系统中,即使蒸汽管网仪表配置不全,如图 4-2 所示的管网流量也可以通过直接或间接的方法获得:环境节点的蒸汽流量通过认证模型可以获得(蒸汽流量的认证模型);与主干管网接口处的各支管流量都有仪表检测数据(蒸汽流量的计量模型);主干管网的流量可以通过监控到的温度、压力值计算(蒸汽流量的计算模型)。因此可以认为不存在未测量变量。

同时本节分析的对象为线性约束条件,且管网工作在稳定状态下,即式(4-3)描述的情况。

4.2.2 显著误差检测的问题描述

显著误差,是由系统设计所固有的或者是长期受到定向干扰造成仪表的读数偏离真实值。当蒸汽管网的流量数据中含有显著误差时,测量值(或利用模型估计出来的流量值)向量可以表示为

$$\boldsymbol{Y} = \boldsymbol{X} + \boldsymbol{W} + \boldsymbol{\varepsilon} \tag{4-7}$$

式中,$\boldsymbol{Y},\boldsymbol{X} \in \mathbf{R}^{n\times 1}$ 分别为被测量变量的测量值向量和真实值向量;$\boldsymbol{W} = (w_1, w_2, \cdots, w_n)^{\mathrm{T}}$ 为测量向量中含有的显著误差向量;$\boldsymbol{\varepsilon} = (\varepsilon_1, \varepsilon_2, \cdots, \varepsilon_n)^{\mathrm{T}}$ 为测量向量中含有的随机误差向量。如某测量值中不含有显著误差,则 $\boldsymbol{W}$ 中对应的元素为 0。

在进行显著误差检验时,需要有某种判断标准,因此在这里先给出两个定义。

定义 4-1 设某测量系统有如式(4-3)的约束方程,$\boldsymbol{A} \in \mathbf{R}^{m\times n}$,将测量值向量 $\boldsymbol{Y}$ 代入方程,得到

$$\boldsymbol{A}\boldsymbol{Y} = \boldsymbol{r} \tag{4-8}$$

式中,$\boldsymbol{r} = (r_1, r_2, \cdots, r_m)^{\mathrm{T}}$,称为约束残差。

定义 4-2 根据第 1 章所述的显著误差检测和数据协调的定义,假定不存在显著误差,基于式(4-3)的约束和式(4-4)所述的目标函数方法,对被测量变量的最优估计为 $\hat{\boldsymbol{X}}$,则

$$\hat{\boldsymbol{X}} = \boldsymbol{Y} - \boldsymbol{Q}\boldsymbol{A}^{\mathrm{T}}(\boldsymbol{A}\boldsymbol{Q}\boldsymbol{A}^{\mathrm{T}})^{-1}\boldsymbol{A}\boldsymbol{Y} \tag{4-9}$$

$$\boldsymbol{e} = \boldsymbol{Y} - \hat{\boldsymbol{X}} = \boldsymbol{Q}\boldsymbol{A}^{\mathrm{T}}(\boldsymbol{A}\boldsymbol{Q}\boldsymbol{A}^{\mathrm{T}})^{-1}\boldsymbol{A}\boldsymbol{Y} \tag{4-10}$$

式中,$\boldsymbol{e} = (e_1, e_2, \cdots, e_n)$ 称为测量残差。

定义 4-2 中的 $\boldsymbol{Q}$ 为目标函数的加权系数矩阵。一般取各测量值的方差-协

方差矩阵，在假定各测量变量相互独立（即不存在共性的干扰，如共用电源）时，不同测量值之间的协方差为0，对角线元素为各测量变量的方差值不为零，因此 $\boldsymbol{Q}$ 为对角阵，其定义为

$$\boldsymbol{Q} = \mathrm{diag}(\sigma_1^2, \sigma_2^2, \cdots, \sigma_{18}^2) \tag{4-11}$$

式中，$\sigma_i^2(i=1,2,\cdots,18)$ 为第 i 个测量变量的方差。$\boldsymbol{Q}$ 矩阵的确定方法将在第5章中论述。

约束残差描述了显著误差对各节点流量平衡的影响，当某些测量值中含有显著误差时，该节点对应的约束残差值就越大；测量残差则描述测量值与估计值之间的差异，测量值与估计值差异越大，则含有显著误差的可能性越大。

显著误差检测是基于约束残差和测量残差构建统计量进行假设检验，以判断测量值中是否含有显著误差。基于约束残差的检验法称为节点检验（NT）法，基于测量残差的检验法称为测量检验法（MT）法。

由于仪表故障、失灵及外部定向干扰以及前面述及的三种模型误差，都可能导致蒸汽流量数据中含有显著误差，在实施数据协调之前，如果显著误差没有被正常的检测到并去除，那么显著误差将会在数据协调过程中传播到其他测量变量中去，使其偏离真实值更远。一般显著误差检测在数据协调之前实施。

4.2.3　显著误差在稳态系统中的可识别性分析

在实际生产过程中，因技术或经济原因，只测量了一部分变量。有些变量则通过物料、能量平衡、反应机理等关系估算。但是，对未测量变量的估算要求用于估算信息的准确性，即测量到的数据没有误差，并且用于测量的传感器不能少于用于估算需要的最少传感器数 Nmin。实际上误差总是不可避免地存在，因而需要多配置传感器，这就引出冗余的概念。

定义4-3　对于一个已测量的变量，它的值除了本身的测量值外还可以用测量网络中的其他变量来估算，则这个已测变量是冗余的，否则是不冗余的。

用多个传感器同时测量一个变量，即硬件冗余。同时测量多于 Nmin 个变量，有的变量在向量空间结构上可以利用其他已知变量的多种组合方式估算，形成空间冗余。对同一个变量进行多次测量，称为时间冗余。对于数据校正和显著误差检测，空间冗余或硬件冗余是其必要条件。时间冗余对于建立传感器和被测变量的统计特性也很重要。

由于显著误差的检验和数据协调都是建立在冗余信息基础之上的，在做数据校正之前需要对管网的冗余性做一些必要的分析。当前用于冗余性分析的方法主

要有数据分类法、解分析判断法。Kong 等人采用解分析法,得到关于可识别显著误差条件的定理。

定义 4－4 给定过程系统,如果测量中不含随机误差(但可能存在显著误差),并能唯一确定显著误差的值,那么称此显著误差是可识别的,此特性称为显著误差的可识别性。

定理 5－1 给定系统

$$f(x,u)=0 \tag{4-12}$$

若系统中与 x 对应的测量仪表出现显著误差,而 u 为不可能有显著误差的变量,则对任何工况 (x,u)

$$f(x+\boldsymbol{\delta}_x,u)=0 \tag{4-13}$$

中的 $\boldsymbol{\delta}_x$ 有唯一解 $\boldsymbol{\delta}_x=0$。其中,$\boldsymbol{\delta}_x$ 不随时间变化;(x,u) 为稳态工况。

由此定理,可以得到以下推论:

推论 5－1 对于线性系统,模型方程(约束方程)$\boldsymbol{AX}=\boldsymbol{b}$ 的测量值显著误差可识别的条件是 $\boldsymbol{A}$ 为满秩。

证明:根据定理 **5－1**,线性系统 $\boldsymbol{AX}=\boldsymbol{b}$ 的测量显著误差可识别的条件为以下方程组:

$$\boldsymbol{AX}=\boldsymbol{b} \tag{4-14}$$

$$\boldsymbol{A}(\boldsymbol{X}+\boldsymbol{\delta}_x)=\boldsymbol{b} \tag{4-15}$$

中的 $\boldsymbol{\delta}_x$ 有唯一零解 $\boldsymbol{\delta}_x=\boldsymbol{0}$,即式(**4－16**)有唯一零解:

$$\boldsymbol{A\delta}_x=\boldsymbol{0} \tag{4-16}$$

由线性方程的求解条件知式(**4－16**)有唯一零解的条件是 $\boldsymbol{A}$ 为满秩。

推论 **5－1** 的要求很苛刻,要求 $\boldsymbol{A}$ 为方阵且为满秩,实际系统很难达到这一要求。从图论上分析,即要求流程图不能形成环,这在实际中很难避免。图 **4－2** 就不满足可识别的条件。

当显著误差不能被准确识别时,同一测量结果有可能对应多个数学上合理的数据校正结果。因此显著误差检测,只能是统计意义上的,即不可避免地会出现误判的概率。当前有很多显著误差的检测方法,如全局检验(GT)法、测量检验(MT)法、节点检验(NT)法、广义似然比(GLR)法及动态系统中的显著误差检测方法,都是统计意义上的检验。显著误差检验,尤其是偏差类的检验和多显著误差测验,目前还没有发现高效的检测方法。

4.3 两种基本的显著误差检验策略

如前所述,在实际测量系统中显著误差可识别的条件很苛刻,因此用于显著误差检验的方法都是基于统计检验的方法。本节论述两种最基本的显著误差检验方法:一种是基于测量残差的显著误差检验法,即测量检验(MT)法;另一种是基于约束残差的显著误差检验方法,即节点检验(NT)法。

4.3.1 测量检验(MT)法

测量检验法属于统计检验方法,其对应的定义及性能评价最早是针对数据集中仅含有单个显著误差的情况。测量检验(MT)法是最基本的算法,整个算法流程如下:

第一步:应用最小二乘法,根据式(**4-9**)和式(**4-10**)对整个系统计算测量向量的调整值向量 $\hat{\boldsymbol{X}}$ 和测量残差向量 $\boldsymbol{e}$。

第二步:对每个管段计算统计量 z_j。

$$z_j = \frac{e_j}{\sqrt{v_{ij}}} \tag{4-17}$$

式中,v_{jj}为矩阵 $\boldsymbol{V}$ 的第 j 个对角线元素。矩阵 $\boldsymbol{V}$ 由式(**4-18**)确定

$$\boldsymbol{V} = \boldsymbol{QA}^{\mathrm{T}}(\boldsymbol{AQA}^{\mathrm{T}})^{-1}\boldsymbol{AQ} \tag{4-18}$$

式中,$\boldsymbol{A}$、$\boldsymbol{Q}$ 按定义 **4-2** 确定。假设第 j 个管段的测量值中不含有显著误差,则 z_j 服从标准正态分布。

第三步:设检验显著性水平对应的值为 z_c,该值的推荐值为 $z_c = z_{1-\frac{\beta}{2}}$,即标准正态分布下 $1-\dfrac{\beta}{2}$对应的值。比较每一个 z_j 和 z_c,如果 $|z_j| > z_c$,将该条支路 j 标记为有显著误差支路。

$$\beta = 1-(1-\alpha)^{\frac{1}{n}} \tag{4-19}$$

式中,n 为被测量变量的数量,针对图 **4-1** 的管网系统 $n=18$,α(推荐值为 **0.05**)为所有支路测试发生第一类错误(误判)的总体概率,β 为每单个测试发生第二类错误(漏判)的概率。将以上步骤找到的认为含有显著误差的支路集合定义为 S,即认为测量值 $y_j, j \in S$ 含有显著误差。

第四步，如果 S 为空集，直接转到第七步。否则，将集合 S 中含有的支路移去，并将与该支路相连的两个节点合并。与本过程对应可以产生一个低维的关联系数矩阵 $\boldsymbol{A}'$，测量向量 $\boldsymbol{Y}'$，加权系数矩阵 $\boldsymbol{Q}'$。将 $\boldsymbol{Y}'$中测量数据对应的支路集合记为 T。

第五步，用 $\boldsymbol{A}'$、$\boldsymbol{Y}'$、$\boldsymbol{Q}'$替代 $\boldsymbol{A}$、$\boldsymbol{Y}$、$\boldsymbol{Q}$，依式(**4-9**)计算集合 T 内各支路的估计值。

第六步，将第五步得到的集合 T 支路的估计值替换测量值代入式(**4-3**)，求解集合 S 支路对应的校正值；对集合 $R=U-(S\cup T)$ 中的支路，则用测量的原始值代入。U 为所有的支路集合。

第七步，将第五步和第六步得到的校正值及 R 集合中的原始测量值组合起来，即得到经过显著误差检验和校正的测量向量。如果 S 为空集，在第 **1** 步求得的 $\hat{\boldsymbol{X}}$ 即为测量数据的校正值。

分析测量残差的定义，有

$$\boldsymbol{e}=\boldsymbol{Y}-\hat{\boldsymbol{X}}=\boldsymbol{A}\boldsymbol{Q}^{\mathrm{T}}(\boldsymbol{A}\boldsymbol{Q}\boldsymbol{A}^{\mathrm{T}})^{-1}\boldsymbol{A}\boldsymbol{Y}$$

当测量值向量 $\boldsymbol{Y}$ 中代表某个支路的元素含有显著误差时，由于矩阵 $\boldsymbol{A}\boldsymbol{Q}^{\mathrm{T}}(\boldsymbol{A}\boldsymbol{Q}\boldsymbol{A}^{\mathrm{T}})^{-1}\boldsymbol{A}$ 不一定为对角阵，显著误差可能通过该矩阵传播到测量残差向量 $\boldsymbol{e}$ 中的其他支路元素，因而出现显著误差传播的情况，这是 MT 检验的一个缺陷。

关于 MT 法的注意事项：

(**1**)在第四步有可能将不含有显著误差的支路放入集合 S，出现误判。这种错误属于第一类错误，不可能完全避免，但概率很低(最大为 α，参见式(**4-19**))。

(**2**)式 (**4-19**)以及显著性水平值是一种保守的测试，因实际中残差往往是不独立的，这个式子在实际中往往不用。在执行第三步时直接指定 $\beta=\mathbf{0.05}$。

(**3**)不同的显著性检查水平，可能得到不同的结果和效果。在实际使用中 α 值可根据实际情况做出调整。

(**4**) MT 的缺点在于可能将显著误差传播到正常的测量支路，得到一些不合理的值(不符合工艺实际情况)，研究人员提出了迭代测量检验(IMT)法和修正的迭代测量检验(MIMT)法，这些检验法的基本框架还是和 MT 法一致。

4.3.2 节点检验(NT)法

节点检验法主要是针对每个节点或者虚拟节点(即合并之后的节点)，检验节点流量是否平衡，从而定位和移去显著误差的方法。这种算法被称为虚拟节点检验法，也称为节点检验法。具体步骤如下：

第一步，计算约束残差向量 $\boldsymbol{r}$ 及用于检验的统计变量矢量 z。在不存在显著误差时，按式(**4-20**)和式(**4-21**)定义的变量 z_i 服从标准正态分布：

$$r = AY \tag{4-20}$$

$$z_i = \frac{r_i}{\sqrt{g_{ii}}} \tag{4-21}$$

式中,g_{ii}为矩阵 G 的第 i 个对角线元素。矩阵 G 由式(4-22)确定

$$G = AQA^{\mathrm{T}} \tag{4-22}$$

式中,A、Q 按定义 4-2 确定。

第二步,将每个 z_i 与显著性检验特征值 z_c 比较。$z_c = z_{1-\frac{\alpha}{2}}$为显著性检验水平 $1-\frac{\alpha}{2}$对应的正态分布值。对于95%的显著性检验水平,即有 $\alpha = 0.05$,$z_c = 1.96$。如果$|z_i| \leqslant z_c$,则将第 i 个节点标记为好节点,并且将与该节点相连的支路标记为正常支路(不含显著误差)。否则对应的节点为坏节点,与该节点相连的支路都有含显著误差的可能。

第三步,如果在第二步没有检测到存在显著误差的坏节点,直接进入第五步;否则分别用 2, 3,…,m 个节点合并成单个节点,把这种合并的节点称为虚拟节点。同时对关联矩阵和测量向量作相应的变换。

第四步,将前面几步没有标记为正常支路集合的记为 S,则认为 y_i、$i \in S$ 测量值含有显著误差。

第五步—第八步,过程与 MT 算法中的第四步—第七步相同。

关于 NT 法的注意事项:

(1)使用本方法时,基本的假设是与同一节点相连的两个或多个测量误差不会相互抵消。

(2)在第三步中,m 从 1 开始,检测和定位显著误差。如果增加 m 后的效果不能获得任何改进,第三步就可以停止。

(3)应用图论的基本规则,可以判定一些支路为含有显著误差的支路。因此作为附加的识别方法对 NT 过程会起到积极作用。

(4)如果第四步得到的集合 S 是空集,但是确有一个或多个节点是含显著误差的节点,通常这种情况是发生在泄漏或者测量误差相互抵消的情况下。为了解决这个问题,研究人员提出了修正的虚拟节点法、联合检验法、屏幕联合检验法及 MT-NT联合检验法。这些方法都是以 NT 法为基础的。

分析以上两种显著误差检验算法发现,显著误差检验和数据协调的过程是有内在联系的,即显著误差检测的过程需要数据协调问题的求解并获得假设条件的最优估计。关于数据协调的具体问题,将在下一章中详细论述。

4.4 基于证据理论的显著误差决策

NT 法只能把显著误差定位到节点上;MT 法虽然能把显著误差定位到支路,但在定位时易把显著误差传播到其他测量变量中去。两种检验法各有优缺点。为了减小误判的概率,需要结合、应用多种检测法,把不同途径获得的显著误差信息合成确定的显著误差定位信息,即显著误差决策。本节讨论基于证据理论的显著误差决策的方法。

4.4.1 证据理论与可传递信度模型

在蒸汽管网测量数据显著误差检测中,应用不同的显著误差检测方法获得的结果都可以作为证据,显著误差决策的目的就是综合这些证据得到符合客观事实的判断。

采用数据融合的方法可以综合这些显著误差检测方法得到的结果。贝叶斯(Bayes)方法和证据理论是比较经典的数据融合方法。Bayes 方法建立在完整的公理体系之上,有坚实的理论基础,但在实际中应用困难,因为需要大量的先验概率和条件概率知识。而证据理论能明确地表示“不确定性”“未知”等认知上的重要概念,其信度表示方法和推理方式符合逻辑思维常理,在实际中易于实现。在证据理论体系中,由 Smets 提出的可传递信度模型(transferable belief model,TBM) 主要研究 D-S 理论的信度更新,是对 D-S 证据理论的一个扩展。

TBM 模型是一个双层模型:包括 Credal 层和 Pignistic 层。在 Credal 层上模型获取信度并对其量化、赋值和更新;在 Pignistic 层上将 Credal 层上的信度转化为 Pignistic 概率,并由此做出对策。TBM 模型模仿了人类的思维和行为,其模式为:(1)推理——通过证据调节和更新可信度;(2)行为——根据可信度从多个方案中做出决策。

TBM 就是要以获得的证据对未知命题或假设进行推理,得到一个量化的信度函数。TBM 中有三个子集:

(1)一个关于命题假设可能的集合(PH);

(2)一个关于命题假设不可能的集合(IH);

(3)一个关于命题假设未知可能性的集合(UH)。

其中 IH 和 UH 不能直接影响推理,在对信度的推理计算中只涉及 PH 中的元素。子集的内容不仅取决于给定的问题,而且取决于证据获得的时间。一旦获得新的证据，上述 TBM 三个子集的命题假设就要重新分布：

(1)如果证据主张是不可能的，那么假设 A 就由 PH 经传递信度转移到 IH；

(2)如果证据表明是可能的，那么假设 A 就由 UH 经传递信度转移到 PH；

(3)如果证据表明是不可能的，那么假设就由 UH 经传递信度转移到 IH。

在贝叶斯方法等经典方法中，UH 一般被假设为空集，也就是说事实一般在 PH 中。这一假设称作闭合世界假设。在开放世界假设中，UH 可以不是空集。TBM 和概率方法的主要不同点有：

(1)TBM 不需要任何的先验概率分布知识；

(2)TBM 中引进了开放世界的假设，从而不要标准化(归一化)计算；

(3)TBM 中使用了信度传递的概念。

设 Ω 代表一个有限个元素的集合，且各个元素相互独立，如果所关心的任一命题均对应于 Ω 的一个子集，则称 Ω 为辨识框架。任何子集 $A\subseteq\Omega$ 表示一个假设。则在 Ω 上可定义基本信度指派函数 $m(A)$，置信度函数 $bel(A)$，似真函数 $Pl(A)$。

定义 4－5　设 Ω 为辨识框架，$A\subseteq\Omega$，如有集合函数 $m:P(\Omega)\rightarrow[0,1]$ 满足下列条件：

$$m(\varnothing)=0,\ \sum_{A\subseteq\Omega}m(A)=1 \tag{4-23}$$

则称 m 为辨识框架 Ω 上的基本信度指派函数。

对于任意 $A\subseteq\Omega$ 称为 $m(A)$ 的基本信度指派值，表示证据支持命题 A 发生的程度。式(4－23)中，$m(\varnothing)$ 代表空集不产生任何信度；$\sum\limits_{A\subseteq\Omega}m(A)$ 反映了总的置信度为 1。

定义 4－6　设 Ω 为辨识框架，$A\subseteq\Omega$，映射 $bel:P(\Omega)\rightarrow[0,1]$ 满足：

$$bel(A)=\sum_{B\subseteq A,B\neq\varnothing}m(B) \tag{4-24}$$

则称 bel 为辨识框架 Ω 上的置信度。

$bel(A)$ 表示命题 A 中所有子集 $B\subseteq A$ 的基本信度指派之和，即是对命题 A 的最低信任程度。当 A 为单元素命题时 $m(A)=bel(A)$。

定义 4－7　设 Ω 为辨识框架，$A\subseteq\Omega$，$B\subseteq\Omega$，m 为 Ω 上的基本信度指派函数，则 $pl:P(\Omega)\rightarrow[0,1]$，且满足：

$$pl(A)=\sum_{B\cap A\neq\varnothing}m(B) \tag{4-25}$$

则称 pl 为辨识框架命题 Ω 上的似真函数。

$pl(A)$ 称为命题 A 的似真度。代表了对命题的最大支持可信度(不反对 A 的程度)，也可以表示为

$$pl(A)=1-bel(\overline{A}) \tag{4-26}$$

式中，$\bar{A}$ 为 A 的否命题。

定义 4－8 辨识框架 Ω 中由基本信度指派函数 m_1 和 m_2 表示的两个独立证据合成结果为

$$(m_1 \oplus m_2)(A) = m_{12}(A) = \sum_{B \cap C = A} m_1(B) m_2(C) \tag{4-27}$$

式中，$m_1(B)$ 和 $m_2(C)$ 称为信质，$m_{12}(B \cap C)$ 表明对命题 A 的支持。

当有多个独立证据时，式(4－27)可以写成

$$m(A) = (m_1 \oplus m_2 \oplus \cdots \oplus m_n)(A) \tag{4-28}$$

需要指出，在 TBM 中，$m(\varnothing)$ 不一定等于零。在开放的世界中，证据支持一个假设，不必同时否定其否命题。

至此完成了 Credal 层信度指派和更新。在 Pignistic 层利用 Pignistic 概率进行决策。其变换函数如下：

$$BetP(x) = \sum_{x \subseteq A \subseteq R} \frac{m(A)}{|A|} = \sum_{A \subseteq R} m(A) \frac{|x \cap A|}{|A|} \tag{4-29}$$

式中，R 是 Ω 划分的一个布尔代数子集；$|A|$ 为 A 中的 R 原子数。

4.4.2 基于证据理论的显著误差决策

如前节所述，采用 NT 和 MT 两种方法对图 4－2 进行显著误差检测时，NT 法根据约束方程偏离的程度找到测量数据中存在显著误差的节点，但是无法具体确定存在显著误差的支路。而单纯用 MT 法，在进行测量残差估算时，显著误差在数据校正值中传播可能导致误判。基于证据理论的方法，可将两种检测方法结合，最终综合成一致的结论。

具体实施的步骤如下：

第一步，依上节的方法，对蒸汽管网采用 NT 法判断各节点是否存在显著误差，并对这些节点分配可信度。

可信度的分配方法：在进行 NT 检验时，如采用显著误差检测置信度为 95%，则对于 NT 检测出含有显著误差的节点与测量数据子集的可信度赋值 0.95；没有检测出来的节点及对应的测量数据子集的可信度赋值 0.05。

第二步，对蒸汽管网采用 MT 法，判断各支路是否含有显著误差。根据判断结果对这些测量数据子集分配信度；如果两种方法均未检测出系统含显著误差，则转第六步。

可信度的分配方法：在进行 MT 检验时，如采用显著误差检测置信度为 95%，则对于 MT 检测出含有显著误差的支路和测量数据子集的可信度赋值 0.95；没有

检测出来的支路及对应的测量数据子集的可信度赋值0.05。

第三步，按照TBM合成规则将式(4-27)和式(4-28)合成证据。

第四步，将可信度转化成Pignistic概率，把Pignistic概率最大的测量数据判定为含显著误差。

第五步，将决策为含显著误差的数据设定为未测量值，用式(4-9)获得该变量的估计值以更新原测量值，而后转第一步。

第六步，输出结果，结束。

本方法结合NT和MT两种检测方法，按完全不同的方法获得相互独立的证据，经过证据合成，最后综合判断出含有显著误差的支路。

4.5 显著误差检测实例

根据4.2和4.3所述的显著误差检验方法，对图4-2做显著误差检测的实例分析。

检验的实际步骤如下。

(1)按照网络结构设定真实值，使其满足约束方程。

(2)测量的偏差按真实值的5%设定，取偏差的平方值为其方差。

(3)按照真实值和方差随机产生测量值，见表4-1。

表4-1 显著误差检验实例的原始数据

变量名	X_{01}	X_{02}	X_1	X_{11}	X_{12}	X_2	X_{21}	X_{22}	X_3
支路号	1	2	3	4	5	6	7	8	9
真实值	5	5	50	25	25	60	30	30	30
测量值	5.347	5.159	54.751	25.086	26.097	62.289	32.297	32.386	30.561
方差	0.062 5	0.062 5	6.250 0	1.562 5	1.562 5	9.000 0	2.250 0	2.250 0	2.250 0
变量名	X_{31}	X_{32}	X_4	X_{41}	X_{42}	X_5	X_{51}	X_{52}	X_6
支路号	10	11	12	13	14	15	16	17	18
真实值	15	15	40	20	20	20	25	25	30
测量值	15.735	15.668	42.585	21.419	21.509	20.552	26.699	26.638	32.488
方差	0.562 5	0.562 5	4.000 0	1.000 0	1.000 0	1.000 0	1.562 5	1.562 5	2.250 0

(4)分别对表4-1中的数据做MT和NT检验。检验中取$\alpha=0.05$,则检验阈值为1.96。

①按表4-1中的取值做MT检验,检验结果见表4-2。表4-2中的统计量全部都小于1.96,没有检测到显著误差。

②再做NT检验,检验结果见表4-3。从表4-3中可以发现,统计量全部都小于1.96,没有检测到显著误差。

表4-2 MT检验结果

支路号	1	2	3	4	5	6	7	8	9
统计量z_j	-0.233 4	0.042 4	1.062 9	-0.977 9	-0.730 2	-0.649 1	0.205 5	0.473 0	-0.424 4
支路号	10	11	12	13	14	15	16	17	18
统计量z_j	0.519 8	0.336 8	-0.102 8	0.267 6	0.047 2	-0.061 8	0.016 4	0.249 5	-0.061 8

表4-3 NT检验结果

节点号	1	2	3	4	5	6	7
统计量z_i	-1.165 3	0.651 6	-0.458 3	-0.140 0	-0.117 6	0.401 4	0.088 4

(5)在支路3的测量值上,即X_1的测量值上增加真实值的20%显著误差,其余不变。做MT和NT检验。

MT检验结果见表4-4。

表4-4 MT检验结果

支路号	1	2	3	4	5	6	7	8	9
统计量z_j	0.641 3	0.917 0	4.515 0	-2.687 5	-2.439 8	-0.224 1	0.771 1	1.038 6	-0.649 4
支路号	10	11	12	13	14	15	16	17	18
统计量z_j	0.132 8	-0.050 2	-0.398 2	-0.198 4	-0.418 8	-0.490 6	-0.360 5	-0.127 4	-0.490 6

从表4-4可以看出支路3、4、5的统计量绝对值大于1.96,检测到显著误差。根据表4-1对初始值的设定及第(5)步显著误差的设定情况可知,显著误差由支路3传播到了支路4、5,使其支路不能通过显著误差检验。

NT检验结果见表4-5。

表 4-5 NT 检验结果

节点号	1	2	3	4	5	6	7
统计量 z_i	-4.431 3	0.651 6	-0.458 3	-0.140 0	-0.117 6	0.401 4	0.088 4

节点1(与支路3有关联)的统计量绝对值大于1.96,检测到显著误差。但具体是哪条支路上的显著误差,NT并没有指出。

以上情况证实:单独使用MT检测显著误差,本来只有支路3上增加了显著误差,但检测的结果是3、4、5都存在显著误差,说明在使用MT求取测量残差时,将3支路的显著误差传播到支路4和5上,导致误判。单独使用NT检测显著误差,不能准确定位显著误差所在的测量变量。

(6)基于证据理论进一步对显著误差检测做出决策:

①根据MT检测的结果获得的证据为

$$m_1(X_1)=0.95$$
$$m_2(X_{11})=0.95$$
$$m_3(X_{12})=0.95$$
$$m_4(X_{01})=0.05$$
$$m_5(X_{02})=0.05$$

其余各支路的指派信度均为0.05,在此省略。

②根据NT检测的结果获得的证据为(按照每个节点连接的支路列写证据)

$$m_6(X_1,X_{11},X_{12})=0.95$$
$$m_7(X_2,X_{21},X_{22})=0.05$$
$$m_8(X_3,X_{31},X_{32})=0.05$$
$$m_9(X_4,X_{41},X_{42})=0.05$$
$$m_{10}(X_5,X_{51},X_{52},X_6)=0.05$$
$$m_{11}(X_{01},X_{11},X_{21},X_{31},X_{41},X_{51})=0.05$$
$$m_{12}(X_{02},X_{12},X_{22},X_{32},X_{42},X_{52})=0.05$$

③依据TBM合成规则,式(4-33)和式(4-34),计算可得更新后的合成证据信度为

$$m(X_1)=(m_1\oplus m_6)(X_1)=m_1(X_1)m_6(X_1,X_{11},X_{12})=0.902\ 5$$

$$\begin{aligned}m(X_{11})&=(m_2\oplus m_6\oplus m_{11})(X_{11})\\&=m_2(X_{11})m_6(X_1,X_{11},X_{12})m_{11}(X_{01},X_{11},X_{21},X_{31},X_{41},X_{51})\\&=0.045\ 12\end{aligned}$$

$$m(X_{12})=0.045\ 12$$

$$m(X_{01})=0.002\ 5$$

其余的信度都小于这些值,不一一列写。

④将合成证据信度按式(4-29)转换成 Pignistic 概率。这些合成信度都变成一个变量,因此 Pignistic 概率就等于合成证据信度。因 X_1 的 Pignistic 概率最高,由此可以判定变量 X_1 有显著误差,与实际情况相符,证明方法有效。

4.6 基于 GLR-NT 的显著误差检测

测量检验法和节点检验法是两种最基本的检验方法。由这两种方法形成的组合算法虽然在一定程度上提高了显著误差的识别率,但是也存在明显不足。如在显著误差幅值较小、同一节点流股显著误差相互抵消时会出现漏判;有的算法在显著误差识别错误时会出现死循环,无法在线自动运行。另外很多算法没有考虑变量上下限约束,无法处理过程泄漏对应的显著误差。

GLR-NT 算法结合了广义似然比(GLR)法和节点检验(NT)法,考虑变量的上下约束、测量偏差和过程泄漏的因素,可在蒸汽管网测控的显著误差检验中尝试。

1.广义似然比(GLR)法

广义似然比法基于统计学中的最大似然比理论。这种检验法需要一种显著误差模型,既可以检验测量仪表或传感器造成的误差,也可以侦破和识别由于设备泄漏等引起的模型误差。

GLR 法将测量模型和泄漏模型分别定义为:

测量模型:

$$\boldsymbol{Y}=\boldsymbol{X}^*+\boldsymbol{\varepsilon}+b\boldsymbol{e}_j(j=1,2,\cdots,n) \tag{4-30}$$

泄漏模型:

$$\boldsymbol{AX}^*+\boldsymbol{c}-b\boldsymbol{m}_i(i=1,2,\cdots,m) \tag{4-31}$$

式中,$\boldsymbol{X}^*$ 为测量数据的真实值向量;$\boldsymbol{\varepsilon}$ 为测量误差向量;$\boldsymbol{b}$ 为显著误差的幅度值;$\boldsymbol{e}_j$ 是第 j 个位置为 1 而其余位置为零的向量;$\boldsymbol{m}_i$ 是第 i 个节点位置为 1 而其余位置为 0 的向量。

若出现了一个测量值偏差或过程泄漏造成的显著误差,则有

$$E(\boldsymbol{r})=b\boldsymbol{f}_k \tag{4-32}$$

式中,$\boldsymbol{f}_k=\boldsymbol{Ae}_j$ 或 $\boldsymbol{m}_i$,表示第 j 个测量变量出现偏差或第 i 个节点出现泄漏的情况。

令

$$b_k = \frac{\boldsymbol{f}_k^{\mathrm{T}} \boldsymbol{V}^{-1} \boldsymbol{r}}{\boldsymbol{f}_k^{\mathrm{T}} \boldsymbol{V}^{-1} \boldsymbol{f}_k} \tag{4-33}$$

$$T_k = \frac{(\boldsymbol{f}_k^{\mathrm{T}} \boldsymbol{V}^{-1} \boldsymbol{r})^2}{\boldsymbol{f}_k^{\mathrm{T}} \boldsymbol{V}^{-1} \boldsymbol{f}_k} \tag{4-34}$$

取检验统计量 T

$$T = \sup_k T_k (k = 1, 2, \cdots, q) \tag{4-35}$$

求出 T 以及与之对应的 k，比较 T 和 T_c（预先确定的临界值）的大小。如果 $T > T_c$，则表明显著误差存在。由对应的 k 即可推断显著误差的位置和性质（测量偏差还是泄漏）。代入式(4－33)即可估算出显著误差 b_k 的值。关于 T_c 的取值，一般选用临界值 $T_c = \chi^2_{1,1-\beta}$。对于显著性检验水平 α、β 可按常规方法合理设置。

GLR 法对于单误差具有同时估计偏差大小并对偏差进行补偿的优点。如果采用迭代算法，则可实现对多个显著误差检测的目的。

2. GLR－NT 显著误差检测

因 GLR 法能直接检测和估算显著误差，还可识别多个显著误差的情况，但是也和 MT 一样存在传播显著误差的问题。而 NT 法可以判断显著误差出现的节点位置，但无法实现显著误差准确定位。

结合这两种算法的优势形成 GLR－NT 法，利用 GLR 作为判断是否存在显著误差的标准，利用 NT 和 GLR 共同确定显著误差的位置与数值。与此同时为了保证数据校正值的有效性，引入变量的上下限约束，通过迭代算法识别和校正多个显著误差。

具体步骤如下：

(1)合理选择显著性检验水平 α，并确定 GLR－NT 算法的临界值 T_c 和 $z_c = z_{1-\frac{\alpha}{2}}$。由现场经验数据确定变量上下限值 x_u、x_l，令 $s = \varphi$。

(2)根据式(4－34)计算统计量 T_k，若所有的 T_k 都小于 T_c，则转至步骤(6)。

(3)根据式(4－21)计算 NT 检测的统计量 z_i，取其中最大节点为显著误差节点，将与显著误差节点相连的测量变量放入可疑变量集 S。

(4)对 S 中的变量使用 GLR 法判断，取其中统计量值 T_k 最大的第 k 个测量变量作为显著误差变量，并计算出相应的显著误差值 b_k。

(5)利用 b_k 对显著误差所在变量进行校正，并用该校正值替代原测量值进行测量变量数据协调。如协调结果均处于数据物理意义有效范围则进入下一轮检测，否则说明识别错误，恢复被校正的变量，从 S 中剔除该变量，转至步骤(4)。

(6)显著误差检测结束，利用补偿后的测量数据进行数据校正，输出校正结果。

3. GLR – NT 显著误差检测在蒸汽管网测控中的应用

蒸汽管网测控数据符合 GLR – NT 的应用条件:在正常运行时数据一般符合正态分布,但是会受到显著误差的干扰;测量偏差和泄漏两种情况并存;任何一个测量数据均有其有效波动范围。

在具体进行显著误差检测时,合理选择节点是第一步。依传统的 NT 法蒸汽管网的列方程节点置于汽源或用户并入管网的位置,但这种方法在工程实际中遇到很大困难。结合测量仪器的安装部位、蒸汽管网延伸的距离、管网的结构等情况选取会使算法更有效。工程中选取的经验包括:(1)使列写的节点方程数量尽量多;(2)将精密仪表测量变量分散到不同节点方程等。

基于 GLR – NT 显著误差检测所针对的问题与蒸汽管网测控显著误差问题相符,但是具体应用的方法和效果还有待进一步研究。

4.7 本章小结

本章主要分析了显著误差检测的背景及问题的定义。显著误差是定向偏差或者是定向干扰,其期望值不为零。要提高测量数据的精确度,需要先检测和定位显著误差。

空间冗余是检测显著误差的条件。而显著误差的可识别条件是要求一组测量值对应唯一稳定状态,对线性系统要求关联矩阵为满秩。实际情况很难满足,因此显著误差的检测方法只能是统计意义上的,不可避免地出现误判或漏判的错误。

最基本的显著误差检测方法有两类,即基于测量残差的测量检验(MT)法和基于约束残差的节点检验(NT)法。两种方法通过构建不同的符合正态分布的统计量,按照假设检验的思想,当统计量超过一定值时认为存在显著误差。

测量检验法容易传播显著误差形成误差,而节点检验法不能对显著误差出现的支路准确定位。采用这两种检验方法都有明显的局限性。

基于证据理论的合成显著误差决策方法,将 MT 和 NT 两种检验方法获得的证据合成,最后形成对显著误差的准确判断。显著误差检测的实例证实了 MT、NT 检验方法的缺点及采用基于证据理论的合成检测方法的有效性。

基于 GLR – NT 的显著误差检测也是一种合成算法,适应蒸汽管网的特点,可作为备选方法进行研究。

参 考 文 献

[1] ALIGHARDASHIl H, MAGBOOL J N, HUANG B. Expectation maximization approach for simultaneous gross error detection and data reconciliation using gaussian mixture distribution [J]. Industrial and Engineering Chemistry Research, 2017,56(49):530 - 544.

[2] MAH R S H, TAMHANE A C. Detection of gross Errors in process data[J]. Aiche Journal, 2010, 28(5):828 - 830.

[3] CROWE C M Y, CAMPOS Y A G, HRYMAK A N. Reconciliation of process flow rates by matrix projection. Part I: Linear case[J]. Aiche Journal, 1983, 29(6):881 - 888.

[4] NARASIMHAN S, MAH R S H. Generalized likelihood ratio method for gross error identification[J]. Aiche Journal, 1987, 33(9):1 514 - 1 521.

[5] NARASMHAN S, MAH R S H. Generalized likelihood ratios for gross error identification in dynamic processes[J]. Aiche Journal,1988, 34(8):1 321 - 1 331.

[6] TONG H, CROWE C M. Detection of gross errors in data reconciliation by principal component analysis[J]. Aiche Journal, 1995, 41(7):1 712 - 1 722.

[7] ZHANG P, RONG G, WANG Y. A new method of redundancy analysis in data reconciliation and its application[J]. Computers and Chemical Engineering, 2001, 25(7 - 8):941 - 949.

[8] MEI C, HONGYE S U, CHU J. An NT - MT combined method for gross error detection and data reconciliation[J]. Chinese Journal of Chemical Engineering, 2006, 14(5):592 - 596.

[9] RIPPS D L. Adjustment of experimental data[J]. Chemical Engineering Progress Symposium Series, 1965,61(55): 8 - 13.

[10] SERTH R W,HEENAN W A. Gross Error Detection and Data Reconciliation in Steam - metering Systems[J]. Aiche Journal, 1986. 32(5):733 - 742.

[11] ROSENBERG J, MAH R S H, IORDACHE C. Evaluation of schemes for detecting and identifying gross errors in process data [J]. Industrial and Engineering

Chemistry Research, 1987, 26(3):555 - 564.

[12] KELLER J Y, DAROUACH M, KRZAKALA G. Fault detection of multiple biases or process leaks in linear steady state systems [J]. Computers and Chemical Engineering, 1994, 18(10):1 001 - 1 004.

[13] KIM I W. Robust data reconciliation and gross error detection: The modified MIMT using NLP[J]. Computers and Chemical Engineering, 1997, 21(7):775 - 782.

[14] ROLLINS D K, DAVIS J F. Unbiased estimation of gross errors in process measurements [J]. Aiche Journal, 1992, 38(4):563 - 572.

[15] ROLLINS D K, DEVANATHAN S. Unbiased estimation in dynamic data reconciliation [J]. Aiche Journal, 1993, 39(8):1 330 - 1 334.

[16] SANCHEZ M. Simultaneous estimation of biases and leaks in process plants [J]. Computers and Chemical Engineering, 1999, 23(7):841 - 857.

[17] GUO S, LIU P, LI Z. Identification and isolability of multiple gross errors in measured data for power plants[J]. Energy, 2016,(114):177 - 187.

[18] TJOA I B, BIEGLER L T. Simultaneous strategies for data reconciliation and gross error detection of nonlinear systems [J]. Computers and Chemical Engineering, 1991, 15(10):679 - 690.

[19] ZYURT D B, PIKE R W. Theory and practice of simultaneous data reconciliation and gross error detection for chemical processes [J]. Computers and Chemical Engineering, 2004, 28(3):381 - 402.

[20] AlHAJ - DIBO M, MAPUIN D. Data reconciliation: A robust approach using a contaminated distribution[J]. Control Engineering Practice, 2008, 16(2):159 - 170.

[21] 叶强.改进型鲁棒数据校正方法的研究[D]. 上海:华东理工大学,2016.

[22] ARORA N, BIEGLER L T. Redescending estimators for data reconciliation and parameter estimation [J]. Computers and Chemical Engineering, 2001, 25 (11 - 12):1 585 - 1 599.

[23] STANLEY G M, MAH R S H. Estimation of flows and temperatures in process networks[J]. Aiche Journal, 1977, 23(5):642 - 650.

[24] LEIBMAN M J , EDGAR T F, LASDON L S. Efficient data reconciliation and estimation for dynamic processes using nonlinear programming techniques[J]. Computers and Chemical Engineering, 1992, 16(10 - 11):963 - 986.

[25] ZHOU L K, SU H Y, CHU J. A Modified Outlier Detection Method in Dynamic

Data Reconciliation[J]. Chinese Journal of Chemical Engineering, 2005, 13(4):542 -547.

[26] 梅从立. 过程工业数据显著误差检测技术研究[D]. 杭州:浙江大学,2007.

[27] 黄兆杰. 化工过程动态数据校正方法的研究[D]. 上海:华东理工大学,2017 .

[28] MCBRAYER K F, EDGAR T F. Bias detection and estimation in dynamic data reconciliation[J]. Journal of Process Control, 1995, 5(4):285 -289.

[29] BAGAJEWICZ M J, JIANG Q. Integral approach to plant linear dynamic reconciliation[J]. Aiche Journal, 1997, 43(10):2 546 -2 558.

[30] BAGAJEWICZ M J, JIANG Q. Gross error modeling and detection in plant linear dynamic reconciliation[J]. Computers and Chemical Engineering, 1998, 22(12):1 789 -1 809.

[31] CHEN J, ROMAGNOLI J A. A strategy for simultaneous dynamic data reconciliation and outlier detection[J]. Computers and Chemical Engineering, 1998, 22(4 -5):559 -562.

[32] CHEN T, MORRIS J, MARTIN E. Dynamic data rectification using particle filters[J]. Computers and Chemical Engineering, 2008, 32(3):451 -462.

[33] SINGHAL A, SEBORG D E. Dynamic data rectification using the expectation maximization algorithm[J]. Aiche Journal, 2010, 46(8):1 556 -1 565.

[34] ZHU Z , MENG Z , ZHANG Z , et al. Robust particle filter for state estimation using measurements with different types of gross errors[J]. ISA Transactions, 2017(69):281 -295.

[35] ABUElZEET Z H, BECERRA V M, ROBERTS P D. Combined Bias and Outlier Identification in Dynamic Data Reconciliation[J]. Computers and Chemical Engineering, 2002, 26(6):921 -935.

[36] VALLE E C. Collection of benchmark test problems for data reconciliation and gross error detection and identification[J]. Computers and Chemical Engineering, 2018(111):134 -148.

[37] KONG M, CHEN B, HE X, et al. Gross error identification for dynamic system[J]. Computers and Chemical Engineering, 2004, 29(1):191 -197.

[38] Mah R S H, Tamhane A C. Detection of gross errors in process data[J]. Aiche Journal, 2010, 28(5):828 -830.

[39] CROWE C M Y, CAMPOS Y A G, HRYMAK A N. Reconciliation of process flow rates by matrix projection. Part I: Linear case[J]. AIChE Journal, 1983, 29(6):881-888.

[40] MAH R S, STANLEY G M, DOWNING D M. Reconcillation and rectification of process flow and inventory data[J]. Industrial and Engineering Chemistry Process Design and Development, 1976, 15(1):175-183.

[41] SMETS P. The combination of evidence in the transferable belief model[J]. IEEE Transactions on Pattern Analysis and Machine Intelligence, 1990, 12(5):447-458.

第5章　蒸汽流量测量系统的数据协调

数据协调利用测量数据的空间冗余或时间冗余特性，按照平衡约束方程对测量数据的真实值作最优估计。数据协调能有效减小随机误差对测量数据的影响，并提高数据的一致性。本章主要论述数据协调的基本原理、数据协调的条件；提出了数据协调在蒸汽管网流量测量系统中应用时确定蒸汽在管网中损耗的方法、修改约束方程后数据协调公式、加权系数矩阵的确定方法，最后给出数据协调的计算实例。

5.1　引　　言

数据协调（Data Reconciliation, DR）采用数学模型（基于质量或能量守恒）约束，对测量数据进行最优调整以减小随机误差影响。数据协调依赖于数学模型及测量数据中的冗余信息。根据数据协调的约束方程是否与时间相关，数据协调分为稳态数据协调和动态数据协调。根据约束方程是否为线性又分为线性数据协调与非线性数据协调。

1. 稳态数据协调

Kuehn 和 Davison 最早在化工领域提出了数据协调的概念，并逐步将这一问题演变为约束条件下的最优估计问题。Murthy 等讨论了化学反应器中的物料平衡问题，采用拉格朗日乘子和线性代数的方法调整配方流率使配料按元素平衡的原则实现平衡，这一方法即是稳态数据协调的基本方法。Mah 等人采用两种图论的方法调整矛盾数据，讨论了未测量变量的估计问题，并提出了节点检验（NT）法。Crowe 用矩阵投影技术将数据协调问题分解为有线性约束的最小二乘估计和未测量变量的估计问题。这些理论或应用实例，奠定了数据校正和数据协调技术的基础。但是在应用中发现在数据协调计算中得到的结果可能与实际明显不符（如负值或是超过工艺的上下超限），Narasimhan 等人和 Dovi 等人探讨了协调值和显著误差的边界条件下的数据协调方法。

基于最小二乘的数据协调方法，合理确定权系数阵对数据协调的结果有重要影响。一般将测量数据的协方差阵设置为权系数矩阵,也可设置为合理估计测量方差-协方差矩阵方法,这些方法可以归纳为经验法、直接法和间接法。但是经验法不够精确,不能在线估算和调整;直接法易受到过程状态变化的影响;而间接法可能因奇异矩阵求逆而失效。因此这些方法都无法在本书研究的数据校正问题中直接应用。

由于线性约束的数据协调问题适用范围受到限制,研究人员开始关注非线性约束的数据协调问题。Knepper 和 Gorman 最早讨论非线性约束条件下数据协调的问题,提出用非线性回归参数估计方法求解;Crowe、Pai 和 Fisher 等将投影矩阵技术扩展到非线性场合,该方法先将非线性约束线性化,再用投影矩阵法将问题分解为数据协调和参数估计问题,通过迭代运算求得的结果按 Broyden 方法更新,即得到非线性数据协调的结果。Ramamurthi 等提出的二次规划(SQP)和广义梯度下降法的非线性规划方法具有考虑变量约束和未测量变量的特点,因此可用于求解非线性数据协调问题。Tjoa 等构建了一种新的分布函数,综合考虑随机误差和显著误差的影响,并提出一种混合 SQP 的方法求解非线性数据协调问题。在此类问题中,需要将物料流量与热焓,或流量与浓度乘积作为数据协调约束的条件,即所谓的双线性问题受到关注。Veverka 提出了一种近似方法,采用线性化双线性约束的雅克比矩阵得到线性化解。张萍和荣冈针对炼油厂物料平衡的实际问题,采用引入调度信息简化双线性数据协调问题的求解,起到很好的应用效果。周凌柯等人研究了基于双线性正交分解法对数据分类,并对换热器温度和流量进行数据协调,得到已测冗余变量数据协调值。

数据协调理论在提出之初,假设过程处于稳态。关于稳态检验的问题,Narasimhan 等人提出了一种双状态组合和证据理论,分析系统是否偏离稳态和稳态的变化。Stanley 等提出了化工过程拟稳态的概念,并采用离散卡尔曼滤波来求解数据协调问题。Cao 等人发明了一种在噪声过程中采用 F 型统计的关键值在线辨识稳态的方法。王丽丽则研究了 NT-GL 数据协调与显著误差检测方法,通过对显著误差定位和估计以替代原始数据,再用最小二乘法进行数据协调。算法效果经仿真和实际应用得到证实。

关于稳态数据协调的另一个假设,即测量数据误差服从正态分布,在实际工业过程中,该假设经常不成立。当测量数据误差偏离正态分布时,基于最小二乘的数据协调结果将不是无偏估计。针对这一问题,Johnson 等人提出一种极大似然校正技术,这种技术用历史数据确定该概率分布,依测量数据使估计的过程数据的概率最大化。Johnston 等人也提出了一种基于极大似然校正的方法,可根据历史信息求解具有未知约束的数据协调问题。Morad 等人发展了极大似然校正方法并构建了一种数据协调的概率统计框架。Albuquerque 等人引入鲁棒估计和探测统计技术,使数据协调过程对偏离理想概率分布和离群值都不敏感,是极大似然估计和鲁棒估计相结合的方法。Wang 和 Rogmagnoli 提出了一种广义目标函数,并讨论了一种基于概率密度估计和广义 T 分布的自适应估计方法。周凌柯等人利用虚拟观测方程、罚函数、线性化和等价权值等方法,将鲁棒估计简化为最小二乘形式,减少了计算量。除以上两类方法外,还有采用污染误差分布以减少非理想分布的测量数据误差的方法。Maquin 等人提出了一种能够探究模型不确定性的数据协调方法,通过罚函数和目标函数权值的调整,使协调值趋于合理。

正常的生产过程由于受外部环境影响,生产状态变化都需要随时调整,完全处于稳定状态的生产过程并不存在,因此稳定状态下的数据协调适用范围有限。

2. 动态数据协调

由于生产过程的动态变化,动态数据协调(dynamic data reconciliation, DDR)才具有更广泛的适应性。关于卡尔曼滤波和扩展卡尔曼滤波处理动态数据协调和平衡模型的研究始于20世纪90年代末。Karjala 等人为了解决测量值中含有正态分布噪声动态数据协调问题,先后采用周期神经网络和扩展卡尔曼滤波(EKF)按预测-校正的方法抑制具有自相关特性噪声对测量值的影响。Bai 等人将动态数据协调定义为不同于卡尔曼滤波的动态数据协调滤波(DDR Filter),他们结合动态数据协调的预测校正基本框架、协方差的估计形式和贝叶斯理论,建立了十分严谨的动态数据协调的目标函数;还修改了滤波的形式以处理存在自相关特性的测量问题。卡尔曼滤波的迭代特性虽然能一定程度处理动态数据协调问题,但是,卡尔曼滤波的缺点也很明显:无法考虑变量之间的约束;对未测量参数和扰动的估计效果欠佳;很难对其进行调整以获得精确的估计。

动态数据协调依赖于动态过程模型,而模型中通常含有未知参数。通常要求同时考虑动态数据协调和参数估计。Arora 和 Biegler 提出鲁棒估计的方法,实现稳态或线性动态系统的数据协调和参数估计。这种方法采用了一种三段的 Hempel 截尾估计和赤池信息准则(AIC)对参数进行整定。针对截尾鲁棒估计的目标函数具有非凸和非连续性的特性,Wangrat 等人提出了一种改进的基因算法解决了这一寻优问题。Jiang 等人和 Ramamurthi 等人针对非线性系统提出了几种基于滑动窗方法的数据协调和参数估计方法。Liebman 等人提出了非线性动态数据协调(nonlilear dynamic data reconciliation, NDDR)的概念及目标函数公式,扩展了滑动窗优化方法。该方法同时处理输入误差、代数约束和变量的约束问题。基于滑动窗方法的数据协调突出的缺点是计算量巨大,难以有效在线应用。同时,该方法能否处理由未测量量扰动引起系统状态变化的问题,还需要进一步评估和论证。

近年来,动态数据协调问题受到关注,出现了一些新的理论与方法。其中,Vachhani 等人提出迭代非线性动态数据协调(recursive nonlinear dynamic data reconciliation, RNDDR）和整合预测-校正优化（combined predictive correct optimization, CPCO）方法，使动态数据协调能考虑变量的上下限约束和其他代数约束，同时克服基于滑动窗方法的缺点。Bian 等人针对这个问题进一步研究具有鲁棒性和可靠性的卡尔曼滤波方案。Vachhani 等人采用无迹卡尔曼滤波（unscented kalman filter, UKF）来改进之前提出的 RNDDR 数据协调方法，避免因卡尔曼系数修正所带来的不准确性的影响。

此外还有其他一些动态数据协调技术，Bagarewicz 和 Jiang 提出通过重新整理线性动态系统的微分方程以获得一个只有冗余测量方程的系统，对这些方程作积分处理，通过解析方法解决数据协调问题。小波技术也成为数据协调的工具之一，Binder 等人发明了一种基于小波分析在线数据协调方法。该方法去除某一测量数据中小于多尺度解耦获得的阈值的基本函数的系数；当系统中具有多个冗余测量变量时，采用 PCA 的方法来获取经验模型。虽然 Tona 等人系统地归纳了小波分析用于动态数据协调方法，但在实际应用中，还没有关于选取小波基函数和解析度的理想方法。

关于数据协调技术在管线网络中的应用文献非常少。Joshua 针对天然气管网测量数据协调问题，研究了两种数据协调算法：无迹卡尔曼滤波和二次规划的方法。指出当计算问题易于处理时，UKF 的效果更好，但是二次规划的方法在计算中更快捷，而且对模型的精度要求不高。这个算法虽然与本书研究内容相关，但是，蒸汽的性质更复杂，而且钢铁企业蒸汽管网的干扰因素更多，因此需要结合钢铁企业蒸汽管网的实际设计对应的数据协调算法。

5.2 数据协调的原理与条件

如定义 1-1 所述，稳态数据协调问题可以表达为满足物料平衡或能量平衡的条件下，使对过程变量的估计值和测量值偏差的平方和最小。

将调整向量记为 $\boldsymbol{a} \in \mathbf{R}^{n\times 1}$，流量的测量值向量记为 $\boldsymbol{Y} \in \mathbf{R}^{n\times 1}$，调整值记为 $\hat{\boldsymbol{X}} \in \mathbf{R}^{n\times 1}$，可知

$$\hat{\boldsymbol{X}} = \boldsymbol{Y} + \boldsymbol{a} \tag{5-1}$$

按照数据协调调整的目标，就是要求

$$J = \min(\hat{\boldsymbol{X}} - \boldsymbol{Y})^{\mathrm{T}} \boldsymbol{Q}^{-1} (\hat{\boldsymbol{X}} - \boldsymbol{Y})$$

$$\text{s.t.} \quad \boldsymbol{A}\hat{\boldsymbol{X}} + \boldsymbol{B}\hat{\boldsymbol{U}} + \boldsymbol{C} = 0 \tag{5-2}$$

式中，$\boldsymbol{A}\in\mathbf{R}^{k\times n}$、$\boldsymbol{B}\in\mathbf{R}^{k\times m}$为被测量变量与未测量变量之间的关联矩阵；$\boldsymbol{C}\in\mathbf{R}^{k\times 1}$为常数矩阵。$k$ 为线性方程的个数，m 为未测量值的个数，n 为已测量变量的个数。针对如图 4－1 和图 4－2 所示的蒸汽管网图，不考虑管网泄漏和冷凝水损耗时，$\boldsymbol{C}$ 的元素全为零。

$\boldsymbol{Q}\in\mathbf{R}^{n\times n}$，为加权系数矩阵，如果测量随机误差满足正态分布，则该矩阵的对角线元素为每个测量变量的测量方差。

从数据的合理性考虑，被测变量的调整值应处于合理的范围，即工艺上能达到的范围：

$$X_{iL}\leqslant\hat{X}_i\leqslant X_{iU}$$

$$U_{iL}\leqslant\hat{U}_i\leqslant U_{iU} \tag{5-3}$$

式中，$\hat{X}_i$、X_{iL}、X_{iU}分别为第 $i(1\leqslant i\leqslant n)$ 个被测量变量的协调值、工艺（或经验）最小值、工艺（或经验）最大值；$\hat{U}_i$、U_{iL}、$U_{iU}(1\leqslant i\leqslant m)$ 分别为第 i 个未测量变量的估计值、工艺（或经验）最小值、工艺（或经验）最大值。

直接使用 Lagrange 乘子法求解，令

$$L=(\hat{\boldsymbol{X}}-\boldsymbol{y})^{\mathrm{T}}\boldsymbol{Q}^{-1}(\hat{\boldsymbol{X}}-\boldsymbol{y})+2\boldsymbol{\lambda}^{\mathrm{T}}(\boldsymbol{A}\hat{\boldsymbol{X}}+\boldsymbol{B}\hat{\boldsymbol{U}}+\boldsymbol{C}) \tag{5-4}$$

式中，$\boldsymbol{\lambda}^{\mathrm{T}}=(\lambda_1,\lambda_2,\cdots,\lambda_k{}^{\mathrm{T}})$ 为 Lagrange 乘子。

要使 L 值最小的必要条件是

$$\frac{\mathrm{d}L}{\mathrm{d}\boldsymbol{\lambda}}=0 \tag{5-5}$$

且

$$\frac{\mathrm{d}L}{\mathrm{d}\hat{\boldsymbol{X}}}=0 \tag{5-6}$$

首先找到矩阵 $\boldsymbol{B}$ 的正交矩阵 $\boldsymbol{P}$，使约束条件变换为

$$\boldsymbol{PA}\hat{\boldsymbol{X}}+\boldsymbol{PC}=0 \tag{5-7}$$

求解式(5－4)、式(5－5)、式(5－6)方程组，得到

$$\hat{\boldsymbol{X}}=\boldsymbol{Y}-\boldsymbol{Q}(\boldsymbol{PA})^{\mathrm{T}}[(\boldsymbol{PA})\boldsymbol{Q}(\boldsymbol{PA})^{\mathrm{T}}]^{-1}(\boldsymbol{AY}-\boldsymbol{PC}) \tag{5-8}$$

若不存在未测量变量，则将 $\boldsymbol{P}$ 看成单位矩阵，式(5－8)改写为

$$\hat{\boldsymbol{X}}=\boldsymbol{Y}-\boldsymbol{QA}^{\mathrm{T}}(\boldsymbol{AQA}^{\mathrm{T}})^{-1}(\boldsymbol{AY}-\boldsymbol{C}) \tag{5-9}$$

式(5－9)右侧的第一项为测量值向量 $\boldsymbol{Y}$，第二项 $\boldsymbol{AQ}^{\mathrm{T}}(\boldsymbol{AQA}^{\mathrm{T}})^{-1}\boldsymbol{AY}$ 是将约束残差 $\boldsymbol{AY}$ 按照加权系数矩阵 $\boldsymbol{Q}$（方差－协方差矩阵）和测量变量之间的关联矩阵分配到各个测量变量。式(5－8)表明，数据协调的结果是对测量值与约束残差分配值的综合，而加权系数矩阵 $\boldsymbol{Q}$ 直接决定了对测量值调整的大小和方向。

再通过约束方程对未测量变量 $\hat{\boldsymbol{U}}$ 进行估算，最后验算 $\hat{\boldsymbol{X}}$、$\hat{\boldsymbol{U}}$ 是否满足式(5－3)，即完成数据协调和未测量变量的参数估计。

进行稳态数据协调的应用时，需要注意以下几个潜在的基本条件。

(1)系统运行在稳定状态或近稳定状态

假定电动阀处于一个固定的位置，每条支路的蒸汽质量流量在一段时期内接近为一常数，则约束方程式(4－3)即是按照节点(包括实际节点和虚拟节点)平衡方程列出，问题的解才会和实际情况相一致。否则校正的数据非但不会有任何改善，相反，有的测量数据由于采用数据协调的方法使其误差增大。

(2)测量数据序列不相关

本假设条件的目的是使测量值的偏差值更易求得。尽管与实际情况有差别，但是通过预处理的方法，可以减小与实际情况之间的差异。

(3)显著误差已检测并去除

如果在测量数据中存在显著误差，数据协调过程会将显著误差传播到其他的测量数据中，使数据校正的效果变差。这种假设在显著误差检测中已做说明。由于显著误差检测为一种统计性的假设检验，不可避免地存在误判的情况。但是这种概率很低。因此本假设在做显著误差检验与去除之后，实际情况是以较大概率吻合。

(4)约束方程为线性约束

式(4－3)属于线性约束。但实际的约束方程受外部温度、压力和生产状况等因素的影响，表现出非线性的情况。因此这一约束条件是近似满足。

在以上四个假设条件近似满足的情况下，按式(5－8)得到的数据协调结果才接近测量的真实值。

5.3 蒸汽管网数据协调及其实现

在钢铁企业的蒸汽管网流量测量系统中实施数据协调，有其特定的要求和特点。本节还以图4－1的蒸汽管网为例展开论述，分别讨论蒸汽管网流量测量数据的来源与特征、考虑流量在管网中损耗时的约束方程、加权矩阵的确定及数据协调在蒸汽管网流量测量中的实现。

图4－1在转换成图4－2时，因为主管中没有流量的测量点(节流型测量仪表会引起管路损耗)，把两个主管作为一个节点处理。但是有了管网流量计算模型之

后,可以进行更细致的分析,因此在这里把节点分开,如图 5-1 所示。为了便于看清图 5-1 与图 4-1 的关系,流量依旧保持原符号;虚线框部分是在图4-2 中合并的节点;对应的支路号标识在对应的流股箭头旁。

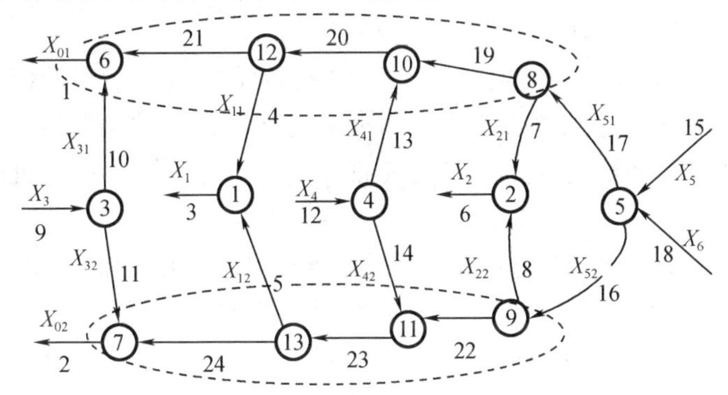

图 5-1 蒸汽管网结构图

本图中,流量数据的来源有三种:

(1)按照本书第 3 章的蒸汽流量认证模型获得的数据,这些流股的流量集合为:$\{X_1, X_2, X_3, X_4, X_5, X_6\}$。

(2)来自蒸汽流量仪表直接测量。钢铁企业的能源管理系统中,对每股进出主管的流量都有计量,便于成本管理和核算。这些流股的流量集合为:$\{X_{11}, X_{12}, X_{21}, X_{22}, X_{31}, X_{32}, X_{41}, X_{42}, X_{51}, X_{52}\}$。

(3)按照水力学热力学计算模型获得的流量数据,主要包括各主管段,其流量集合为$\{X_1, X_2, X_{19}, X_{20}, X_{21}, X_{22}, X_{23}, X_{24}\}$,其中的下标代表支路号。

至此,本管网系统的流量数据信息很完整,且有很多冗余流量信息,满足了数据协调算法的需要。为了便于后续的论述,现将所有的流量数据按其所在的支路编号,即有

$$\boldsymbol{X} = (X_1, X_2, \cdots, X_{24})^{\mathrm{T}} \tag{5-10}$$

5.3.1 对约束方程的改进

由于节点数和支路数增加,基于图 5-1 的关联矩阵不同于前一章的关联矩阵,图5-1 中有 13 个节点、24 个被测变量 $\boldsymbol{A} \in \mathbf{R}^{13 \times 24}$。按照式(4-4)的定义,可以写出对应的关联矩阵。

当电动调节阀在一段时间内保持静止,且质量流量的变化平缓,则认为系统工作在稳定状态。针对管网中的每个节点,如不考虑泄漏、管道节点的储存效应,则

对应的约束方程为

$$\boldsymbol{AX}=\boldsymbol{A}(\boldsymbol{X}_1,\boldsymbol{X}_2,\cdots,\boldsymbol{X}_{24})^{\mathrm{T}}=0 \tag{5-11}$$

由于充分考虑了管道的结构和管网流量数据的来源,采用三种不同的模型获得了完整的流量数据,因而不存在未测量变量。

式(5-11)是在不存在管网泄漏且生产冷凝水的量可以忽略的情况下建立的。实际的蒸汽管网不可避免地会出现管网泄漏和在管网中的损耗(冷凝水)。为了进行精细计量与数据校正,这部分损失不能忽略。因此,式(5-11)可以写成

$$\boldsymbol{A}(\boldsymbol{X}-\boldsymbol{\theta})=0,\boldsymbol{AX}=\boldsymbol{A\theta}=\boldsymbol{\delta} \tag{5-12}$$

式中,$\boldsymbol{\theta}=(\theta_1,\theta_2,\cdots,\theta_{24})^{\mathrm{T}}$ 为该蒸汽在各管段中实际泄漏和损耗向量。θ_i 为第 $i(1\leqslant i\leqslant 24)$ 个管段的蒸汽泄漏和生成的冷凝水的质量流量损失。与其相关的因素包括环境温度 τ、管径 D_i、管道长度 l_i、节点温度 T_i、节点压力 P_i 及主管总流量 X_i 等的函数。

$$\theta_i=f_i(\tau,D_i,l_i,T_i,P_i,X_i)\quad(i\leqslant i\leqslant 24) \tag{5-13}$$

由于建立流量损失的数学模型很困难,在工程实际应用中,对式(5-13)在 $(\tau_0,D_{i0},l_{i0},T_{i0},P_{i0},X_{i0})$ 点按一阶 Taylor 级数扩展。

$$\begin{aligned}\theta_i&=f_i(\tau_0,D_{i0},l_{i0},T_{i0},P_{i0},X_{i0})+\frac{\partial f_i}{\partial\tau_0}(\tau-\tau_0)+\frac{\partial f_i}{\partial T_0}(T-T_{i0})+\frac{\partial f_i}{\partial P_{i0}}(P_i-P_{i0})+\\&\quad\frac{\partial f_i}{\partial X_{i0}}(X_i-X_{i0})\\&=\delta_{i0}+k_{i\tau}(\tau-\tau_0)+k_{iT}(T-T_0)+k_{iP}(P_i-P_{i0})+k_{ix}(X_i-X_{i0})\end{aligned} \tag{5-14}$$

由于 D_{i0} 和 l_{i0} 为常数, 对应的扩展项等于0。式(5-14)中的常数可以利用历史数据通过多元线性回归的方法获得。

在考虑到蒸汽在管网中的损耗之后,数据协调问题的解(式(5-9))改写为

$$\hat{\boldsymbol{X}}=\boldsymbol{Y}-\boldsymbol{QA}^{\mathrm{T}}(\boldsymbol{AQA}^{\mathrm{T}})^{-1}(\boldsymbol{AY}-\boldsymbol{\delta}) \tag{5-15}$$

5.3.2 确定加权系数矩阵 $\boldsymbol{Q}$ 的方法

由式(5-8)、式(5-15)可知,数据协调算法中采用的加权系数矩阵直接影响到数据协调的结果。如果选择不当,数据协调并不能使测量变量的协调值与真实值接近。数据协调算法推荐的最小二乘加权系数矩阵 $\boldsymbol{Q}$ 为测量数据的方差-协方差矩阵。定义4-2的说明中指出 $\boldsymbol{Q}$ 为对角阵。在确定 $\boldsymbol{Q}$ 时,只需要确定各测量变量的方差值,即为该矩阵的对角线元素。

由于流量仪表的环境、工作条件和流量值范围的变化,都会引起该仪表的测量

方差发生改变。在数据协调中,如果采用固定的方差-协方差阵,将不能始终有效地改善数据的精度。有必要实时估算各测量变量的方差,以调整数据协调算法中的加权系数矩阵。

针对本书数据协调中确定各测量变量的方差问题,可采用的简单方法包括经验法、直接法,有的文献中还提出了间接法。但是经验法和直接法存在明显缺陷,而间接法无法解决奇异矩阵求逆的问题。下面介绍经验法、直接法、间接法和改进的间接法确定加权矩阵的方法。

1. 经验法

图5-1所示的蒸汽管网结构图的流量数据有三个来源:测量值、认证值和计算值。这些采用完全不同的方法获得的数据使蒸汽管网的流量数据具有足够的空间冗余,具备数据校正的基本条件。但是三种来源的数据,其精度并不完全相同,因此需要结合 $\boldsymbol{Q}$ 的定义及实际经验确定矩阵的元素。

针对不同来源的数据,首先根据经验确定测量数据相对于真实值的相对误差 R,再按照被测量变量真实值的无偏估计(平均值)估计各测量数据相对于真实值的偏差大小,即确定了矩阵 $\boldsymbol{Q}$ 中的元素。

设系统所获得第 $i(1\leqslant i\leqslant n,n$ 为管网测量系统中的数据源总数)个流量值的相对误差为 R_i,且

$$R_i=\frac{Y_i-X_i}{X_i} \tag{5-16}$$

式中,Y_i 为第 i 个流量变量的测量值(或认证值、计算值,为便于论述,不做区分,统一称为测量值);X_i 为第 i 个流量的真实值。

测量值的相对误差由仪表本身的质量决定;认证值的相对误差由认证模型的精度和用于认证的变量精度决定;计算值的相对误差由管网模型精度决定,且受到工况变化和环境等因素的影响。

则加权系数矩阵 $\boldsymbol{Q}$ 直接可以确定为

$$\boldsymbol{Q}=\mathrm{diag}(q_{11},q_{22},\cdots,q_{ii},\cdots,q_{nn}) \tag{5-17}$$

式中

$$q_{ii}=(R_iX_i)^2,\quad 1\leqslant i\leqslant n \tag{5-18}$$

实际应用中,操作人员对不同来源数据的相对误差会形成一定的人工经验。因此,根据仪表精度和人工经验设定 R_i 的方法在数据协调软件中较普遍。

这里被测变量的真实值是未知的。当管网处于稳定状态,且假定不存在显著误差时,多次测量值的平均值为真实值的无偏估计。因此用平均值代替真实值。

经验法具有计算简单、易于掌握的特点,但由于 R_i 是按仪表精度或人工经验数据将其设定为常数的,而实际的数据的相对偏差会随着被测量变量的变化,导致

$\boldsymbol{Q}$ 中元素与其定义值偏差较大,直接影响数据协调的效果。

2. 直接法

加权系数矩阵 $\boldsymbol{Q}$ 的每个元素,都有明确的定义。在系统处于完全稳定状态,各测量误差之间相互独立,且满足正态分布时,可以直接利用时间冗余计算样本数据方差和协方差,以确定矩阵 $\boldsymbol{Q}$ 中的每个元素。

(1)对角线元素定义为各变量的方差,即有

$$q_{ii} = \mathrm{var}(X_i) = \frac{1}{K-1}\sum_{i=1}^{K}(X_{ik} - \overline{X}_i)^2 \quad (1 \leqslant i \leqslant n) \tag{5-19}$$

式中,$\overline{X}_i$ 为测量变量 X_i 在统计时间段的平均值;K 为统计时间段的样本容量。

(2)非对角线元素定义为不同测量变量的协方差。即有

$$q_{i,j} = \mathrm{var}(X_i, X_j) = \frac{1}{K-1}\sum_{i=1}^{K}(X_{ik} - \overline{X}_i)(X_{jk} - \overline{X}_j)$$

$$(1 \leqslant i \leqslant n, 1 \leqslant j \leqslant n, i \neq j) \tag{5-20}$$

式中,$\overline{X}_i$ 为测量变量 X_j 在统计时间段的平均值。如前所述,在认为不同流量变量相互独立时,$q_{i,j}=0(i\neq j)$。得到的加权系数矩阵 $\boldsymbol{Q}$ 如式(5-17)。

样本数据的方差和协方差是总体方差和协方差的无偏极大似然估计,因此直接法估算矩阵 $\boldsymbol{Q}$ 具有一定的合理性。但从式(5-19)可知,计算时用平均值代替了真实值,即管网中蒸汽流量的变化也会导致方差的计算值发生变化,无法正常反映该数据源在流量测量(或估算)中的实际偏差。因此直接法有明显的缺陷。

3. 间接法和改进的间接法

间接估计的方法,是利用测量数据代入管网约束方程后产生的约束残差反推各测量变量的方差,即利用测量变量的空间冗余推算矩阵 $\boldsymbol{Q}$。具体的估算方法如下。

针对如式(5-12)的平衡约束方程,设其流量测量(包括直接测量值、认证值和计算值)值向量为 $\boldsymbol{Y}$,真实值向量为 $\boldsymbol{X}$,且已去除了显著误差。则随机误差向量记为

$$\boldsymbol{\varepsilon} = \boldsymbol{Y} - \boldsymbol{X} \tag{5-21}$$

则约束残差为

$$\boldsymbol{r} = \boldsymbol{AY} - \boldsymbol{\delta} = \boldsymbol{A\varepsilon} \tag{5-22}$$

假定测量值中的显著误差已全部去除,则有

$$E(\boldsymbol{r}) = \boldsymbol{A}E(\boldsymbol{\varepsilon}) = 0 \tag{5-23}$$

约束残差的方差-协方差矩阵为

$$\mathrm{var}(\boldsymbol{r}) = E\{[\boldsymbol{r} - E(\boldsymbol{r})][\boldsymbol{r} - E(\boldsymbol{r}),]^{\mathrm{T}}\}$$

$$=E(\boldsymbol{r}\boldsymbol{r}^{\mathrm{T}})=\boldsymbol{A}E(\boldsymbol{\varepsilon}\boldsymbol{\varepsilon}^{\mathrm{T}})\boldsymbol{A}^{\mathrm{T}}=\boldsymbol{A}\boldsymbol{Q}\boldsymbol{A}^{\mathrm{T}} \tag{5-24}$$

令

$$\mathrm{var}(\boldsymbol{r})=\boldsymbol{H} \tag{5-25}$$

按照统计的方法估计矩阵 $\boldsymbol{H}$,即有

$$\boldsymbol{H}=\frac{1}{K-1}\sum_{i=1}^{K}\boldsymbol{r}_i\boldsymbol{r}_i^{\mathrm{T}} \tag{5-26}$$

式中,K 为统计时间段的样本容量。式(5-23)表明,约束残差的期望值都为零(注:约束方程是按节点列写,约束残差其实就是节点流量,在考虑管网泄漏和冷凝时,根据物料平衡节点流量为零)。这比直接法中用测量平均值作为期望值计算方差更精确合理。

由式(5-24)、式(5-25)、式(5-26)可知

$$\boldsymbol{H}=\boldsymbol{A}\boldsymbol{Q}\boldsymbol{A}^{\mathrm{T}}=\frac{1}{K-1}\sum_{i=1}^{K}\boldsymbol{r}_i\boldsymbol{r}_i^{\mathrm{T}} \tag{5-27}$$

要求根据 $\boldsymbol{H}$,反推出 $\boldsymbol{Q}$。针对如式(5-27)的方程,可以将其写成使用 Kronecker 矩阵乘积和向量化算子(即式中的 vec)的形式:

$$vec(\boldsymbol{H})=(\boldsymbol{A}\otimes\boldsymbol{A})vec(\boldsymbol{Q}) \tag{5-28}$$

当 $\boldsymbol{Q}$ 为对角阵时(即假定各被测变量的误差是相互独立的),非对角线元素全为零。可以证明

$$(\boldsymbol{A}\otimes\boldsymbol{A})vec(\boldsymbol{Q})=(\boldsymbol{A}_1\otimes\boldsymbol{A}_1,\boldsymbol{A}_2\otimes\boldsymbol{A}_2,\cdots,\boldsymbol{A}_n\otimes\boldsymbol{A}_n)\boldsymbol{Q}_d \tag{5-29}$$

式中,$\boldsymbol{A}\in\mathbf{R}^{m\times n}$;$\boldsymbol{A}_i(1\leqslant i\leqslant n)$为矩阵 $\boldsymbol{A}$ 的列向量,$\boldsymbol{Q}_{\mathrm{d}}$ 为矩阵 $\boldsymbol{Q}$ 的对角元素组成的列向量,即有

$$\boldsymbol{Q}_{\mathrm{d}}=(q_{11},q_{22},q_{nn})^{\mathrm{T}},\boldsymbol{Q}=\mathrm{diag}(\boldsymbol{Q}_{\mathrm{d}}) \tag{5-30}$$

式(5-28)、式(5-29)可以写成

$$vec(\boldsymbol{H})=\boldsymbol{D}\boldsymbol{Q}_{\mathrm{d}} \tag{5-31}$$

式中,矩阵 $\boldsymbol{D}$ 为矩阵 $\boldsymbol{A}$ 中各相同列的 Kronecker 积,即

$$\boldsymbol{D}=\begin{pmatrix} a_{11}A_1 & a_{12}A_2 & \cdots & a_{1n}A_n \\ a_{21}A_2 & a_{22}A_2 & \cdots & a_{2n}A_n \\ \vdots & \vdots & & \vdots \\ a_{m1}A_m & a_{m2}A_2 & \cdots & a_{mn}A_n \end{pmatrix} \tag{5-32}$$

式中,$a_{ij}(1\leqslant i\leqslant m,1\leqslant j\leqslant n)$为矩阵 $\boldsymbol{A}$ 中的第 i 行和第 j 列元素。

由此可推出 $\boldsymbol{Q}_{\mathrm{d}}$ 的估计值:

$$\boldsymbol{Q}_{\mathrm{d}}=(\boldsymbol{D}^{\mathrm{T}}\boldsymbol{D})^{-1}\boldsymbol{D}^{\mathrm{T}}vec(\boldsymbol{H}) \tag{5-33}$$

显然,要求得 $\boldsymbol{Q}_{\mathrm{d}}$,$\boldsymbol{D}^{\mathrm{T}}\boldsymbol{D}$ 的逆矩阵必须存在或为满秩(方阵)。但该矩阵的秩实

际上取决于矩阵 $\boldsymbol{A}$，即蒸汽管网的结构。钢铁企业蒸汽管网很多时候不满足这一条件。这是间接法面临的最大困难。

结合线性方程求解的知识发现，式(5-31)无法求解的最主要原因是 $vec(H)$ 中含有的信息不足以反推出 $\boldsymbol{Q}_{\mathrm{d}}$。如果 $\boldsymbol{Q}_{\mathrm{d}}$ 中部分元素已知，就可能结合式(5-31)求出 $\boldsymbol{Q}_{\mathrm{d}}$ 中未知的元素，这就是经过改进的间接法确定方差-协方差矩阵的基本思想。

该方法的具体步骤是：

第一步，根据经验法或直接法得到测量值方差的稳定性和可信任的程度，按从低到高的排序，形成对应顺序的测量值向量 $\boldsymbol{Y}$ 和 $\boldsymbol{Q}_{\mathrm{d}}$，对应的调整关联矩阵 A 和约束方程。其目的是尽量提供可以信任的测量方差协助求解不稳定和可信任度低的方差值。

第二步，依式(5-27)求得 $\boldsymbol{H}$ 和 $vec(\boldsymbol{H})$。

第三步，依式(5-32)求得 $\boldsymbol{D}$。

第四步，判断 D^TD 的秩是否为满秩，如果是满秩，则直接转第六步。如果不是满秩，将 $\boldsymbol{D}$ 和 $\boldsymbol{Q}_{\mathrm{d}}$ 看成分块矩阵：

$$\boldsymbol{D}=(\boldsymbol{D}_1,\boldsymbol{D}_2),\boldsymbol{Q}_{\mathrm{d}}=(\boldsymbol{Q}_{\mathrm{d1}},\boldsymbol{Q}_{\mathrm{d2}})^{\mathrm{T}} \tag{5-34}$$

使其中 $\boldsymbol{D}_1$ 的列与 $\boldsymbol{Q}_{\mathrm{d1}}$ 的行数相等，且 $\boldsymbol{D}_2$ 的列与 $\boldsymbol{Q}_{d2}$ 的行都为 1。式(5-31)可以写成

$$vec(\boldsymbol{H})-\boldsymbol{D}_2\boldsymbol{Q}_{\mathrm{d2}}=\boldsymbol{D}_1\boldsymbol{Q}_{\mathrm{d1}} \tag{5-35}$$

第五步，将经验法或直接法得到对应变量的方差代入 $\boldsymbol{Q}_{\mathrm{d2}}$，分别用 $vec(\boldsymbol{H})-\boldsymbol{D}_2\boldsymbol{Q}_{\mathrm{d2}}$ 代入 $vec(\boldsymbol{H})$，$\boldsymbol{D}_1$ 代入 $\boldsymbol{D}$，$\boldsymbol{Q}_{\mathrm{d1}}$ 代入 $\boldsymbol{Q}_{\mathrm{d}}$，形成新的式(5-31)。转第四步。

第六步，按照式(5-33)求解出方差矩阵中未知的对角元素，检查各元素的合理性。合并作为已知的方差值和间接法估算值得到完整的 $\boldsymbol{Q}_{\mathrm{d}}$，输出方差矩阵 $\boldsymbol{Q}$。

间接法的原理是基于约束残差的方差对矩阵 $\boldsymbol{Q}$ 进行实时估计，利用了管网的关联矩阵和空间冗余特性。在约束残差的方差信息不足以推算出各被测变量的方差时，提供部分按经验法或直接法获得的值得信任的方差，对矩阵 $\boldsymbol{D}$ 逐次降阶，直到矩阵 $D^{\mathrm{T}}D$ 可逆为止。从而确定了矩阵 $\boldsymbol{Q}$ 中各对角线的元素。这就是改进的间接法。

与经验法和直接法相比，改进的间接法有明显的优势：

(1)采用约束残差的方差推导测量变量的方差，充分利用了测量网络的空间冗余特性，信息更全面。而经验法和直接法是对每个变量的方差做单独估算，没有考虑空间冗余特性对方差分布的影响。

(2)约束残差的期望值确定为零，比采用直接法时受到管网流量波动严重影

响而获得的方差更精确。和经验法相比,确定方差的过程更科学。

(3)改进之后的间接法,通过逐次降阶的方法克服了 $\boldsymbol{D}^{\mathrm{T}}\boldsymbol{D}$ 的逆矩阵不存在时的困难,最大可能利用了冗余信息;同时也能采纳经验法和直接法中得到的可信任的方差值,因此这种方法的实用性好。

间接法在求约束残差的方差协-方差阵时,同样受样本的质量和数值计算精度的影响,按式(5-35)得到的矩阵元素中可能会出现一些异常大或为零的特殊情况。针对异常大和为零的情况,也需要对 $\boldsymbol{Q}$ 中相应的元素做修正。

虽然改进的间接法计算比较复杂,但是并不需要每次对矩阵的降阶和判断是否满秩。当管网及流量计的分布一旦确定,矩阵 $\boldsymbol{A}$ 就不再变化,$\boldsymbol{D}^{\mathrm{T}}\boldsymbol{D}$ 到满秩的阶数就相应确定,对应的计算过程得到简化。

综上所述,数据协调的加权系数矩阵可以采用经验法、直接法和间接法估算。经验法根据仪表精度和人工经验估算测量数据偏差,方法简便快捷,但是该方法并不科学。直接法通过计算样本数据的方差和协方差确定加权矩阵的方法,虽然得到的是矩阵 $\boldsymbol{Q}$ 各元素的无偏极大似然估计,当蒸汽流量变化时,对方差的估计偏差较大。采用改进之后的间接法,利用了管网的空间冗余特性,通过估算约束残差的方差反推各被测变量的方差,且在 $\boldsymbol{D}^{\mathrm{T}}\boldsymbol{D}$ 的逆矩阵不存在时,借助于经验法和直接法获得的方差信息对 $\boldsymbol{D}$ 降阶,最大可能利用已知信息推算出需要确定的测量方差。通过比较,发现改进的间接法比经验法和直接法更合理、更精确,具有很好的实用性。

5.3.3 蒸汽管网流量数据协调算法

在经过显著误差检测与去除之后,对测量数据的主要影响是随机误差。为了进一步提高数据质量,采用数据协调的方法。根据前述的内容,实现数据协调算法的过程如下。

(1)依据管网的实际结构,画出管网结构图,并为所有的管网节点编号,为管网的支路编号。设节点总数为 m,支路总数为 n。

(2)依式(4-4)的定义,确定关联矩阵 $\boldsymbol{A}\in\mathbf{R}^{m\times n}$ 的每个元素。

(3)为每条支路准备当前的流量数据,这些流量数据的来源是:测量值、认证值和计算值;这些数据按支路顺序形成对应支路流量的测量列向量 $\boldsymbol{Y}$。

(4)依式(5-6)确定每个节点对应的管网流量损失,并形成对应的列向量 δ。

(5)确定加权矩阵 $\boldsymbol{Q}$,且

$$\boldsymbol{Q}=\mathrm{diag}(q_{11},q_{22},\cdots,q_{ii},\cdots,q_{nn}) \tag{5-36}$$

式中，$q_{ii}(1\leqslant i\leqslant n)$可以考虑如前所述的直接法、间接法和经验法确定。因直接求解式(5－15)比较困难，对其分步求解。即有

$$\begin{aligned}\hat{\boldsymbol{X}} &= \boldsymbol{Y}-\boldsymbol{Q}\boldsymbol{A}^{\mathrm{T}}(\boldsymbol{A}\boldsymbol{Q}\boldsymbol{A}^{\mathrm{T}})^{-1}(\boldsymbol{A}\boldsymbol{Y}-\boldsymbol{\delta})\\ &= \boldsymbol{Y}-\boldsymbol{Q}\boldsymbol{A}^{\mathrm{T}}(\boldsymbol{Q}_{\mathrm{e}})^{-1}\boldsymbol{\gamma}\\ &= \boldsymbol{Y}-\boldsymbol{Q}\boldsymbol{A}^{\mathrm{T}}\boldsymbol{K}\\ &= \boldsymbol{Y}-\boldsymbol{V}\end{aligned} \tag{5-37}$$

式中，$\boldsymbol{\gamma}$、$\boldsymbol{Q}_{\mathrm{e}}$、$\boldsymbol{K}$、$\boldsymbol{V}$由(7)步至(10)步定义。

(7)计算对应的约束残差向量矩阵$\boldsymbol{\gamma}$，且

$$\boldsymbol{\gamma}=\boldsymbol{A}Y-\boldsymbol{\delta} \tag{5-38}$$

(8)求中间过渡矩阵$\boldsymbol{Q}_{\mathrm{e}}$，且

$$\boldsymbol{Q}_{e}=\boldsymbol{A}\boldsymbol{Q}\boldsymbol{A}^{\mathrm{T}} \tag{5-39}$$

(9)拉格朗日乘子阵$\boldsymbol{K}$，且

$$\boldsymbol{K}=\boldsymbol{Q}_{\mathrm{e}}^{-1}\boldsymbol{\gamma} \tag{5-40}$$

(10)数据协调残差矩阵$\boldsymbol{V}$，

$$\boldsymbol{V}=\boldsymbol{Q}\boldsymbol{A}_{\boldsymbol{K}}^{\mathrm{T}} \tag{5-41}$$

(11)数据协调后流量$\hat{\boldsymbol{X}}$，且

$$\hat{\boldsymbol{X}}=\boldsymbol{Y}-\boldsymbol{V} \tag{5-42}$$

$$\hat{\boldsymbol{X}}=(\hat{X}_1,\hat{X}_2,\cdots,\hat{X}_n)^{\mathrm{T}} \tag{5-43}$$

(12)对求得的数据协调值进行边界值校验及约束方程校验。如边界值校验未通过，则需要对加权阵重新设置。如重新设置还不能通过，则重新认证流量和管网损耗量。如通过检验，则数据协调过程结束。

5.4 蒸汽管网数据协调实例

以图5－1所示的蒸汽管网作为本书数据协调算法的实例。对应的管网节点总数为13，支路总数为24。得到的关联矩阵$\boldsymbol{A}$为

$$A=\begin{pmatrix}
0 & 0 & -1 & 1 & 1 & 0 & 0 & 0 & 0 & 0 & 0 & 0 & 0 & 0 & 0 & 0 & 0 & 0 & 0 & 0 & 0 & 0 & 0 & 0 \\
0 & 0 & 0 & 0 & 0 & -1 & 1 & 1 & 0 & 0 & 0 & 0 & 0 & 0 & 0 & 0 & 0 & 0 & 0 & 0 & 0 & 0 & 0 & 0 \\
0 & 0 & 0 & 0 & 0 & 0 & 0 & 0 & 1 & -1 & -1 & 0 & 0 & 0 & 0 & 0 & 0 & 0 & 0 & 0 & 0 & 0 & 0 & 0 \\
0 & 0 & 0 & 0 & 0 & 0 & 0 & 0 & 0 & 0 & 0 & 1 & -1 & -1 & 0 & 0 & 0 & 0 & 0 & 0 & 0 & 0 & 0 & 0 \\
0 & 0 & 0 & 0 & 0 & 0 & 0 & 0 & 0 & 0 & 0 & 0 & 0 & 0 & 1 & -1 & -1 & 0 & 0 & 0 & 0 & 0 & 0 & 0 \\
-1 & 0 & 0 & 0 & 0 & 0 & 0 & 0 & 0 & 1 & 0 & 0 & 0 & 0 & 0 & 0 & 0 & 0 & 0 & 0 & 1 & 0 & 0 & 0 \\
0 & -1 & 0 & 0 & 0 & 0 & 0 & 0 & 0 & 0 & 1 & 0 & 0 & 0 & 0 & 0 & 0 & 0 & 0 & 0 & 0 & 0 & 0 & 1 \\
0 & 0 & 0 & 0 & 0 & 0 & -1 & 0 & 0 & 0 & 0 & 0 & 0 & 0 & 0 & 0 & 1 & 0 & -1 & 0 & 0 & 0 & 0 & 0 \\
0 & 0 & 0 & 0 & 0 & 0 & 0 & -1 & 0 & 0 & 0 & 0 & 0 & 0 & 0 & 1 & 0 & 0 & 0 & 0 & 0 & -1 & 0 & 0 \\
0 & 0 & 0 & 0 & 0 & 0 & 0 & 0 & 0 & 0 & 0 & 0 & 1 & 0 & 0 & 0 & 0 & 0 & 1 & -1 & 0 & 0 & 0 & 0 \\
0 & 0 & 0 & 0 & 0 & 0 & 0 & 0 & 0 & 0 & 0 & 0 & 0 & 1 & 0 & 0 & 0 & 0 & 0 & 0 & 0 & 1 & -1 & 0 \\
0 & 0 & 0 & -1 & 0 & 0 & 0 & 0 & 0 & 0 & 0 & 0 & 0 & 0 & 0 & 0 & 0 & 0 & 0 & 1 & -1 & 0 & 0 & 0 \\
0 & 0 & 0 & 0 & -1 & 0 & 0 & 0 & 0 & 0 & 0 & 0 & 0 & 0 & 0 & 0 & 0 & 0 & 0 & 0 & 0 & 0 & 1 & -1
\end{pmatrix}$$

蒸汽到达各节点时产生蒸汽流量总损耗，假定为0.05。即有 $\boldsymbol{\delta}=(0.05,0.05,\cdots,0.05)^{\mathrm{T}}$，其中共有13个元素。实际中各管段的损耗可按本书提出的方法和式(5-5)、式(5-6)进行核定。表5-1中真实值是按照管网计入损耗时的流量平衡，并结合实际生产中的流量值的范围而设定。测量值取的是在该时间段的某一时刻的测量值、认证值和计算值组合。

表5-1列出了蒸汽管网各支路的真实值、测量值、q_{ii}经验、不计损耗协调值（方法1）、计损耗协调值（方法2）、q_{ii}间接、计损耗协调值（方法3，根据对矩阵 $\boldsymbol{A}$ 的分析，发现要使 $\boldsymbol{D}^{\mathrm{T}}\boldsymbol{D}$ 满秩，必须要降阶到 17×17，有7个变量的测量方差需要采用经验法的值的数据协调结果。

表5-1 蒸汽管网流量数据协调实例数据

支路	真实值	测量值	q_{ii}经验	协调值（不计损耗）	协调值（计损耗）	q_{ii}间接	协调值（计损耗）
1	4.85	6.04	0.06	5.937 4	5.930 9	1.25	5.229 4
2	4.85	3.24	0.06	3.171 3	3.364 9	1.25	3.761 0
3	49.95	49.93	6.25	49.558 1	49.979 4	2.55	49.952 5
4	25.00	23.05	1.56	24.591 5	24.527 1	1.56	24.820 5
5	25.00	26.02	1.56	24.906 6	24.952 3	1.56	25.272 0
6	59.90	60.76	9.00	61.052 0	60.523 0	2.25	60.331 4

表 5－1(续)

支路	真实值	测量值	q_{ii}经验	协调值（不计损耗）	协调值（计损耗）	q_{ii}间接	协调值（计损耗）
7	29.95	29.95	2.25	30.575 5	30.005 0	2.25	30.570 8
8	30.00	29.93	2.25	30.476 5	30.037 0	2.25	29.970 5
9	30.05	27.56	2.25	29.209 5	29.325 8	3.25	29.509 4
10	15.00	15.58	0.56	16.272 9	15.406 0	0.56	15.247 9
11	15.00	12.81	0.56	13.036 7	13.069 8	3.56	13.211 6
12	40.05	37.73	4.00	40.257 1	40.193 4	4.83	39.957 6
13	20.00	20.08	1.00	19.766 2	19.809 3	0.56	19.864 8
14	20.00	19.05	1.00	20.490 9	20.334 1	0.85	19.842 8
15	20.05	20.46	1.00	20.594 5	20.318 1	0.84	20.740 6
16	25.05	25.73	1.56	25.186 9	25.100 2	1.56	25.589 2
17	25.00	25.86	1.56	25.165 3	25.178 6	1.56	24.708 0
18	30.05	29.36	2.25	29.657 7	29.710 7	2.25	30.106 6
19	5.00	5.45	0.06	5.410 2	5.407 4	0.64	5.412 8
20	14.95	15.05	0.56	14.306 0	14.351 9	0.56	14.402 0
21	10.10	10.93	0.25	10.235 5	10.225 1	0.25	10.468 5
22	5.00	5.54	0.06	5.389 6	5.386 8	1.83	4.771 4
23	14.95	15.85	0.56	15.101 3	15.097 3	1.25	15.221 4
24	10.10	9.97	0.25	9.865 3	9.955 0	2.54	10.100 6

注：①按照图 5－1 所示的蒸汽流向，表中的支路 19，22，24 应取负值，在此写成正值。

②表中的 q_{ii} 为加权系数矩阵 $\boldsymbol{Q}$ 的对角线元素，由于实际管网分布广，数据来源相对独立，$\boldsymbol{Q}$ 可以近似看成对角阵。

表 5－2 列出了采用上述三种方法时，协调值与真实值之间的绝对误差对比情况。

表 5-2 流量测量协调值与真实值的绝对误差对比

支路号	1	2	3	4	5	6	7	8
测量	1.1900	1.6100	0.0200	1.9500	1.0200	0.8600	0.0000	0.0700
方法 1	1.0874	1.6787	0.3919	0.4085	0.0934	1.1520	0.6255	0.4765
方法 2	1.0809	1.4851	0.0294	0.4729	0.0477	0.6230	0.0550	0.0370
方法 3	0.3794	1.0890	0.0025	0.1795	0.2720	0.4314	0.6208	0.0295
支路号	9	10	11	12	13	14	15	16
测量	2.4900	0.5800	2.1900	2.3200	0.0800	0.9500	0.4100	0.6800
方法 1	0.8405	1.2729	1.9633	0.2071	0.2338	0.4909	0.5445	0.1369
方法 2	0.7242	0.4060	1.9302	0.1434	0.1907	0.3341	0.2681	0.0502
方法 3	0.5406	0.2479	1.7884	0.0924	0.1352	0.1572	0.6906	0.5392
支路号	17	18	19	20	21	22	23	24
测量	0.8600	0.6900	0.4500	0.1000	0.8300	0.5400	0.9000	0.1300
方法 1	0.1653	0.3923	0.4102	0.6440	0.1355	0.3896	0.1513	0.2347
方法 2	0.1786	0.3393	0.4074	0.5981	0.1251	0.3868	0.1473	0.1450
方法 3	0.1580	0.0566	0.4128	0.5480	0.3685	0.2286	0.2714	0.0006

注:①表中的误差值均为测量值或协调值与真实值之差。

②表中“测量”指测量误差;“方法 1”指采用经验法确定 $\boldsymbol{Q}$ 且不计损耗时的协调值误差;“方法 2”指采用经验法确定 $\boldsymbol{Q}$ 且计损耗时的协调值误差;“方法 3”指采用改进的间接法确定 $\boldsymbol{Q}$ 且计损耗的协调值误差。

从表中可以看出:

采用经验法确定 $\boldsymbol{Q}$ 时,若不计损耗进行数据协调(方法 1),共有 13 条支路的协调值绝对误差比测量绝对误差小;若计入损耗(方法 2),共有 19 条支路的数据协调值绝对误差比测量绝对误差小。由此可见,计入损耗时数据协调的效果有明显提高。

在计入损耗的情况下,比较经验法(方法 2)和间接法(方法 3)确定矩阵 $\boldsymbol{Q}$ 时数据协调的效果。可以看出在所有 24 条支路中,间接法确定 $\boldsymbol{Q}$(方法 3)时,使数据协调结果中共有 17 条支路的绝对误差比较小,数据协调效果较方法 2 有所提高。还可以看出,对于测量误差较大的 1,2,4,9 号支路,间接法得到的数据协调值能做出较大幅度调整,使误差明显减小。

通过以上分析得出结论：

(1)在蒸汽管网数据协调问题中，如果不考虑蒸汽在管网中的损耗，数据协调的结果并不能使测量数据精度明显改善。

(2)采用经验法确定的加权系数矩阵，并考虑管网中蒸汽的损耗，使数据协调的结果与测量值相比更接近真实值，只有个别测点例外。说明考虑蒸汽损耗时，数据协调有提高数据精度的效果。

(3)在数据协调时，采用间接法确定的加权系数矩阵与用经验法确定的加权系数矩阵相比，间接法确定的矩阵使协调值的误差减小，且对测量误差大的支路能做出较大幅度的调整，使数据误差减小。数据协调的效果有明显提高。

5.5　蒸汽流量在线数据协调

蒸汽管网运行工况变化，必然引起蒸汽管网内流量分布发生变化。稳态数据协调算法中要求稳定状态的前提不再成立。而且，除了蒸汽管网冷凝水、泄漏外，蒸汽管网的容积效应也会使蒸汽管网流量约束方程式(5-22)不再适用。因此在蒸汽管网工况变化和波动时，稳态数据协调算法性能劣化严重。根据工况变化，对测量到的蒸汽流量值进行在线数据协调成为客观需求。在线数据协调的核心理论是动态数据协调。

1. 动态数据协调的原理

动态数据协调是将过程的动态模型作为约束方程进行数据协调的方法。该方法运用的时间冗余性质，对每时刻点上采集到的数据进行数据协调。动态数据协调可用以下优化问题来表述：

$$J = \min \sum_{k=0}^{c} [\hat{\boldsymbol{X}}(t_k) - \boldsymbol{Y}(t_k)]^{\mathrm{T}} \boldsymbol{Q}^{-1} [\hat{\boldsymbol{X}}(t_k) - \boldsymbol{Y}(t_k)] \tag{5-44}$$

$$\text{s.t.}\ f\left(\frac{\mathrm{d}\hat{\boldsymbol{X}}(t)}{\mathrm{d}t}, \hat{\boldsymbol{X}}(t)\right) = 0 \tag{5-45}$$

$$h(\hat{\boldsymbol{X}}(t)) = 0 \tag{5-46}$$

$$g(\hat{\boldsymbol{X}}(t)) < 0 \tag{5-47}$$

式中，c 为当前时刻采样计数值；t_k 为第 k 次采样对应的时刻；$\boldsymbol{Q}$ 为加权系数矩阵；$\hat{\boldsymbol{X}}$ 为数据协调值；$\boldsymbol{Y}$ 为测量值。式(5-45)为动态约束方程，式(5-46)、式(5-47)分别为等式与不等式约束。

由式(5－44)可发现，动态数据协调的实质是求符合动态模型等式与不等约束条件下，与测量值偏差最小的估计值。

2. 蒸汽流量数据动态数据协调的困难

在蒸汽管网直接做流量数据的动态数据协调存在多方面的困难。首先过程变量的动态约束方程极难建模(式(5－45))。蒸汽管网规模过于庞大，变量在地理分布上可能较远，其相互影响难以用精确的数学模型描述和验证。其次，管网测量仪表配置不全，重要的过程变量无法实时监测。未测量变量的存在直接影响动态数据协调的效果。另外，测量仪表随时可能出现故障，数据缺失越严重，动态数据协调的难度越大。

虽然无法直接进行动态数据协调，但是可以基于动态数据协调的方法，采用移动窗与主元分析法(PCA)相结合的手段，实现蒸汽流量在线数据协调。

3. 在线数据协调对动态数据协调的改进

解决在线数据协调的问题，首先要改进动态数据协调模型，否则随着实时采集数据的增加，计算变得更加复杂。按在线处理常用的方法，采用移动窗的形式。即当新数据到来时，删除最早的数据，使作动态数据协调样本数维持在一个固定值 L。

$$J = \min \sum_{k=c-L}^{c} [\hat{\boldsymbol{X}}(t_k) - \boldsymbol{Y}(t_k)]^{\mathrm{T}} \boldsymbol{Q}^{-1} [\hat{\boldsymbol{X}}(t_k) - \boldsymbol{Y}(t_k)] \tag{5-48}$$

式中，L 为移动窗的宽度。

动态约束方程，由于蒸汽管网的容积效应，净流入与净流出(考虑管网损失)时，式(5－12)不会成立。但是有以下两个条件可以考虑：

(1)流量不平衡的会使蒸汽管网的压力出现波动，将主管蒸汽压力作为变量加入动态数据协调变量中。压力变化的微分与流量差值成正比。且每个流量对主管蒸汽压力的影响作用不同，其动态约束方程近似写成

$$\boldsymbol{A}[X(t_k) - \theta(t_k)] = \boldsymbol{K}[p(t_{k+1}) - p(t_k)] \tag{5-49}$$

式中，$\boldsymbol{K} = (k_1, k_2, \cdots, k_N)$，为各段被测流量变化对主管压力的影响系数。在蒸汽管网测控中，主管蒸汽压力的检测精度较高，可以将其作为真实值处理。

(2)蒸汽管网在工况发生变化时，由于管网各个节点分别在进行自动调节，经过较短的一段时间(小于蒸汽管网数据协调窗的宽度)，蒸汽管网中容纳的蒸汽质量必然重新回归平衡状态时的值。因此必然满足以下方程：

$$\sum_{c-L}^{c} \boldsymbol{A}[X(t_k) - \theta(t_k)] \tag{5-50}$$

其他等式与不等式约束与前述静态数据协调算法相同。

此外还需要考虑的是，在线数据协调时间窗宽度选择的问题。在工程实际中，

可以采用固定周期,也可以选用变化周期。在选择动态约束方程式(5－50)时,一个时间窗应包含流量由一个平衡状态转移到另一个平衡状态的完整工况转换过程。

4. 主元分析(PCA)与动态数据协调相结合的在线数据协调

由于蒸汽管网在线数据协调要考虑工况切换的问题。如本书第3章所述多工况多变量PCA监控方法,可以准确判断蒸汽管网的工况。将基于PCA多变量监控与动态数据协调相结合,即形成一种新的在线数据协调策略。该算法可以用图5－2描述。

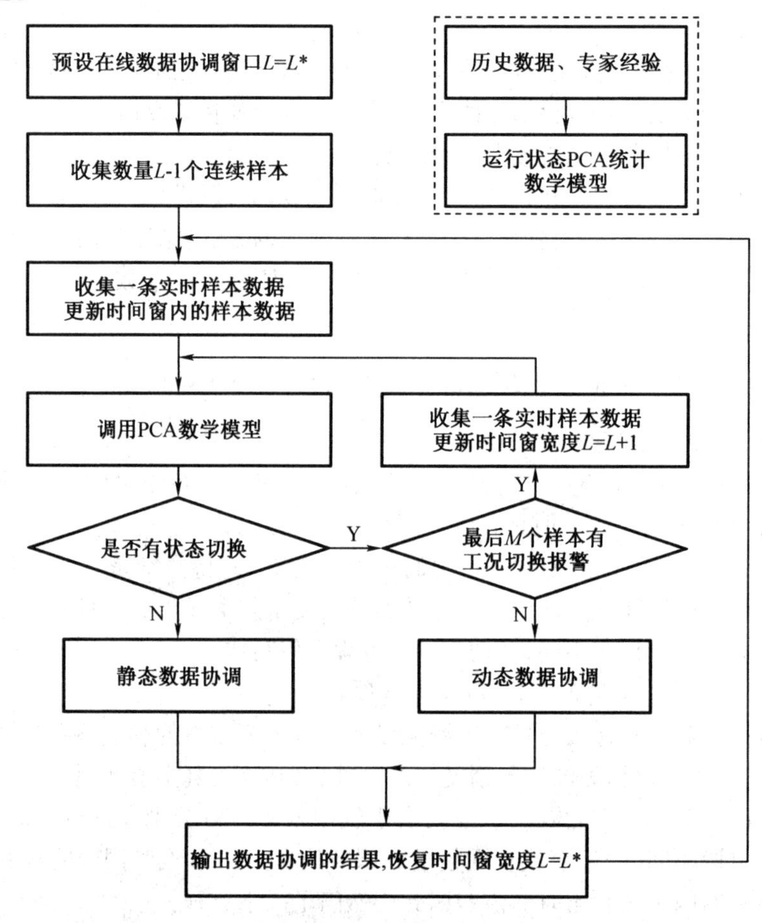

图5－2　在线数据协调策略

该策略的前提是根据历史数据和专家经验,形成各种不同工况的PCA统计数学模型。针对实时时间窗数据和采集到新样本数据,判断是否属于原来的工况。

如果属于原来的工况,则直接按静态数据协调的算法得到协调后的数据。否则判断最后 M 个样本(M 的取值根据调试结果作出选择)是否达到新工况的稳定状态,按照在线数据协调对动态数据协调算法的改进,即得到数据协调的结果。

5.6 本章小结

本章论述了数据协调在蒸汽管网流量测量中的应用问题和实现方法。

数据协调是在满足能量或物料平衡约束方程的条件下使目标函数最小的一种最优估计方法。在实施蒸汽管网流量数据协调时,蒸汽管网应工作在稳定状态、测量序列不相关、显著误差已去除、线性约束的条件下。

钢铁企业蒸汽管网现有的测量条件不能提供足够的硬件冗余或空间冗余条件。通过综合前述的测量模型、认证模型和计算模型,使蒸汽管网的流量信息趋于完整,形成不含未测量变量的流量平衡方程。但是蒸汽在管网中传输会出现泄漏、形成冷凝水等情况,在流量平衡时必须考虑蒸汽在管网中的损耗问题。本章给出了核定损耗的方法。

加权系数矩阵对数据协调的结果有重要影响。加权系数矩阵可以通过经验法、直接法和间接法确定。经验法概念明确、便于掌握和应用,但是方法不科学、精度低。直接法按定义对样本做统计,但真实值的波动导致计算的方差值不能反映仪表的测量偏差,存在明显缺陷。改进的间接法应用管网测量的冗余特性和约束残差推导加权系数矩阵,在求解中出现奇异矩阵时结合已知且可信的方差作降阶处理,得到合理的方差矩阵。改进的间接法具有更科学、更精确、实用性好的特点。蒸汽管网数据协调的计算实例验证了以上结论。

蒸汽管网运行状态会随生产需要发生工况切换。稳态数据协调的性能会恶化。采用 PCA 与改进的动态数据协调策略,能有效提升算法的适应性。

参考文献

[1] HARIKUMAR P, NARASIMHAN S. A method to incorporate bounds in data reconciliation and gross error detection—II. Gross error detection strategies[J]. Computers and Chemical Engineering, 1993, 17(11):1 121 - 1 128.

[2] MORAD K, SVRCEK W Y, MCKAY I. A robust direct approach for calculating measurement error covariance matrix[J]. Computers and Chemical Engineering, 1999, 23(7):889 -897.

[3] PUMING Z, GANG R. Sterdy - state blilinear data reconciliation dealing with scheduling[J]. IFAC Proceedings Volumes, 2002, 35(1):235 -240.

[4] 周凌柯,傅永峰. 基于双线性正交分解法的换热器系统数据协调[J]. 南京理工大学学报(自然科学版), 2017(2):212 -216.

[5] NNARASIMHAN S, KAO C S, MAH R S H. Detecting changes of steady states using the mathematical theory of evidence[J]. Aiche Journal, 1987, 33(11): 1 930 -1 932.

[6] CAO S, RHINEHART R R. An efficient method for on - line identification of steady state[J]. Journal of Process Control, 1995, 5(6):363 -374.

[7] 苗宇. 数据协调与显著误差检测方法研究与应用[D]. 杭州:浙江大学, 2009.

[8] JOHNSTON L P M, KRAMER M A. Maximum Likehood Data Reconciliation Steady - state Systems[J]. Aiche Journal, 1995, 41(11): 2 415 -2 426.

[9] LPM J, KRAMER M A . Estimating state probability distributions from noisy and corrupted data[J]. Aiche Journal, 2010, 44(3):591 -602.

[10] MORAD K , YOUNG B R, SVRCEK W Y. Rectification of plant measurements using a statistical framework[J]. Computers and Chemical Engineering, 2005, 29(5):919 -940.

[11] ALBUQUERQUE J S, BIEGLER L T. Data reconciliation and gross - error detection for dynamic systems[J]. Aiche Journal, 1996, 42(10):2 841 -2 856.

[12] WANG D, ROMAGNOLI J A. A Framework for robust data reconciliation based on a generalized objective function[J]. Industrial and Engineering Chemistry Research, 2003, 42(13):3 075 -3 084.

[13] WANG D, ROMAGNOLI J A. Heneralized distribution and its applictaions to process data reconciliation and process Monitoring[J]. Transactions of the Institute of Measurement and Control, 2005. 27(5):367 -390.

[14] ZHOU L, HONGYE S U, CHU J. A new method to solve robust data reconciliation in nonlinear process[J]. Chinese Journal of Chemical Engineering, 2006, 14(3): 357 -363.

[15] OZYURT D B, PIKE R W. Theory and practice of simultaneous data reconciliation and gross error detection for chemical processes[J]. Computers and Chemical

Engineering, 2004,28(3):381 -402.

[16] MAQUIN D, ADROT O,RAGOT J. Data reconciliation with uncertain models [J]. Isa Transactions, 2000, 39(1):35 -45.

[17] DAROUACH M,ZASADZINKI M. Data Reconciliation in Generalized Linear Dynamic - systems[J]. Aiche Journal, 1991, 37(2):193 -201.

[18] BAI S, THIBAULT J, MCLEAN D D. Dynamic data reconciliation: alternative to kalman filter[J]. Journal of Process Control, 2006, 16(5):485 -498.

[19] FEITAL T, PRATA D M, PINTO J C. Comparison of methods for estimation of the covariance matrix of measurement errors[J]. Canadian Journal of Chemical Engineering, 2018, 92(12):2 228 -2 245.

[20] ARORA N, BIEGLER L T. Redescending estimators for data reconciliation andparameter estimation[J]. Computers and Chemical Engineering, 2001, 25(11 - 12):1 585 -1 595.

[21] WONGRAT W, SRINOPHAKUN T, SRINOPHAKUN P. Modified genetic algorithm for nonlinear data reconciliation[J]. Computers and Chemical Engineering, 2005, 29(5):1 059 -1 067.

[22] RAMAMURTHI, SISTU P B. Control - relevant dynamic data reconciliation and parameter estimation[J]. Computers and Chemical Engineering, 1993, 17(1): 41 -59.

[23] VACHHANI P, RENGASWAMY R, GANGWAL V, et al. Recursive estimation in constrained nonlinear dynamical systems[J]. Aiche Journal, 2010, 51(3): 946 -959.

[24] BIAN M, WANG J, LIU W, et al. Robust and reliable estimation via recursive nonlinear dynamic data reconciliation based on cubature Kalman filter[J]. Cluster Computing, 2017, 20(6):1 -11.

[25] VACHHANI P, NARASIMHAN S. Robust and reliable estimation via unscented recursive nonlinear dynamic data reconciliation[J]. Journal of Process Control, 2006, 16(10): 1 075 -1 086.

[26] BAGAJEWICZ M J, JIANG Q Y. Integral approach to plant linear dynamic reconciliation[J]. Aiche Journal, 1997, 43(10):2 546 -2 558.

[27] BAKSHI B R, NOUNOU M N, GOEL P K, et al. Multiscale bayesian rectification of data from linear steady - state and dynamic systems without accurate models[J]. Industrial and Engineering Chemistry Research, 2001, 40(1):261 -274.

[27] UNGARALA S,BAKSHI B R. A multiscale, bayesian and error - in - variables

approach for linear dynamic data rectification[J]. Computers and Chemical Engineering, 2000, 24(2-7): 445-451.

[28] TONA R V, BENQLILOU C, Espuna A, et al. Dynamic data reconciliation based on wavelet trend analysis[J]. Industrial and Engineering Chemistry Research, 2005, 44(12):4 323-4 335.

[29] BINDER T. Towards multiscale dynamic data reconciliation[J]. Nonlinear Model Based Process Control, 1998(35):623-665.

[30] ISOM J D, STAMPS A T, ESMAILI A, et al. Two Methods of Data Reconciliation for Pipeline Networks[J]. Computers and Chemical Engineering, 2018(115):487-503.

[31] 董增福. 矩阵分析教程[M]. 哈尔滨:哈尔滨工业大学出版社,2005.

第6章 蒸汽管网流量数据校正方案及其实现

蒸汽管网流量数据校正集数据监控、建模与参数估计、显著误差检测与数据协调等多种技术手段于一体,使钢铁企业蒸汽管网的数据质量得到根本性改善。本章提出蒸汽管网流量数据校正的总体方案,并介绍实施蒸汽管网流量数据校正软件模块的功能和框架结构。

6.1 引 言

数据校正技术包括参数估计、显著误差检测和数据协调。数据校正的目的在于保证过程数据的完整性、精确性和一致性,在生产实际中可适用的范围很广,包括生产统计、过程控制、在线优化控制、能源管理等。目前已有一些成功应用于化工领域的报道,同时该技术也在采矿过程、火力发电站等其他工业领域得到应用。Narasimhan 和 Romagnoli 等人对数据协调与显著误差检测在工业过程中的应用做了很好的总结。

国外在 20 世纪末已经出现数据校正的商业软件并得到应用,如应用于流程工业基于数据协调平衡约束的 MASSBAL 程序、Bussani 等人开发的应用于检测与优化中在线数据协调与优化软件包(ORO)、OSIsoft 公司的 Sigmafine 软件工具等。目前,随着制造运行管理(manufacturer operations management,MOM)及制造执行系统(manufacturer executive system,MES)概念的提出及制造运行管理国际标准 IEC/ISO62264 的确立,使全厂物料平衡与跟踪成为重要的管理内容。由于数据校正技术能为生产计划、生产调度与绩效分析等提供可靠和精确的数据,为国外企业管理者所重视,一些成熟的商业软件也随之出现。如 AspenTech 公司的 Aspen Operation Reconciliation and Accounting、Honeywell 公司 Business FLEX 套件中的 Production Balance、国内 Supcon 公司的 ESP - Supplant DataPro 等。这些软件都采用了数据校正的相关技术,逐渐在国内外石油、天然气、化工行业推广应用。

与钢铁企业蒸汽管网相关的应用研究查到两项,郭思思等人研究了基于特征限制的数据协调在废汽热焓和湿度系数的估计方法及其应用，Yonghee 研究了管网系统的实验数据与分析数据协调。但是，由于钢铁企业蒸汽管网的测量数据缺失较多，数据空间冗余度低，且测量到的数据精度低、一致性差，不具备直接进行数据校正的条件。因此这些方法和软件无法在钢铁企业中运用。

6.2 蒸汽管网流量数据校正方案

蒸汽管网流量数据校正的总体方案如图 6－1 所示。数据校正方案集成了数据监控、流量建模、显著误差检测和数据协调等多种技术手段。使数据的质量得到逐步改善。

蒸汽管网流量数据校正的具体方案如下。

(1)实时测量的蒸汽管网现场运行数据(包括各测量点的压力、温度、流量及与蒸汽相关环节的工艺生产状态数据)，按照单变量或多变量统计过程控制监测异常数据和状态变化，对数据质量作粗略判断，去除其中明显异常的数据；记录蒸汽管网运行状态转移的信息。

(2)将通过了异常数据与状态监控的数据代入对应的流量模型获得对应的流量数据。通过流量测量模型校准直接测量到的流量值，通过认证模型和计算模型估算未测量的流量值，使管网的流量信息趋于完整。

(3)分别采用 MT 法和 NT 法检验可能存在显著误差的流量数据集合，再用 TBM 证据理论合成 MT 法和 NT 法的检验结果，得到显著误差的决策。去除存在显著误差的流量数据，并用对应的流量模型估算该流量数据。至此，完成了流量数据的初步校正。

(4)估算管网中各管段蒸汽的泄漏与损耗，并推算出合理的加权系数矩阵，用数据协调算法，对各管段蒸汽流量作最优估计。至此，完成了流量数据的精校正。

(5)将数据校正之后获得的流量，分别与实际测量值或估计值对照，对流量模型的参数做出调整。

(6)更新变量的历史数据库、统计特性和经验分布。

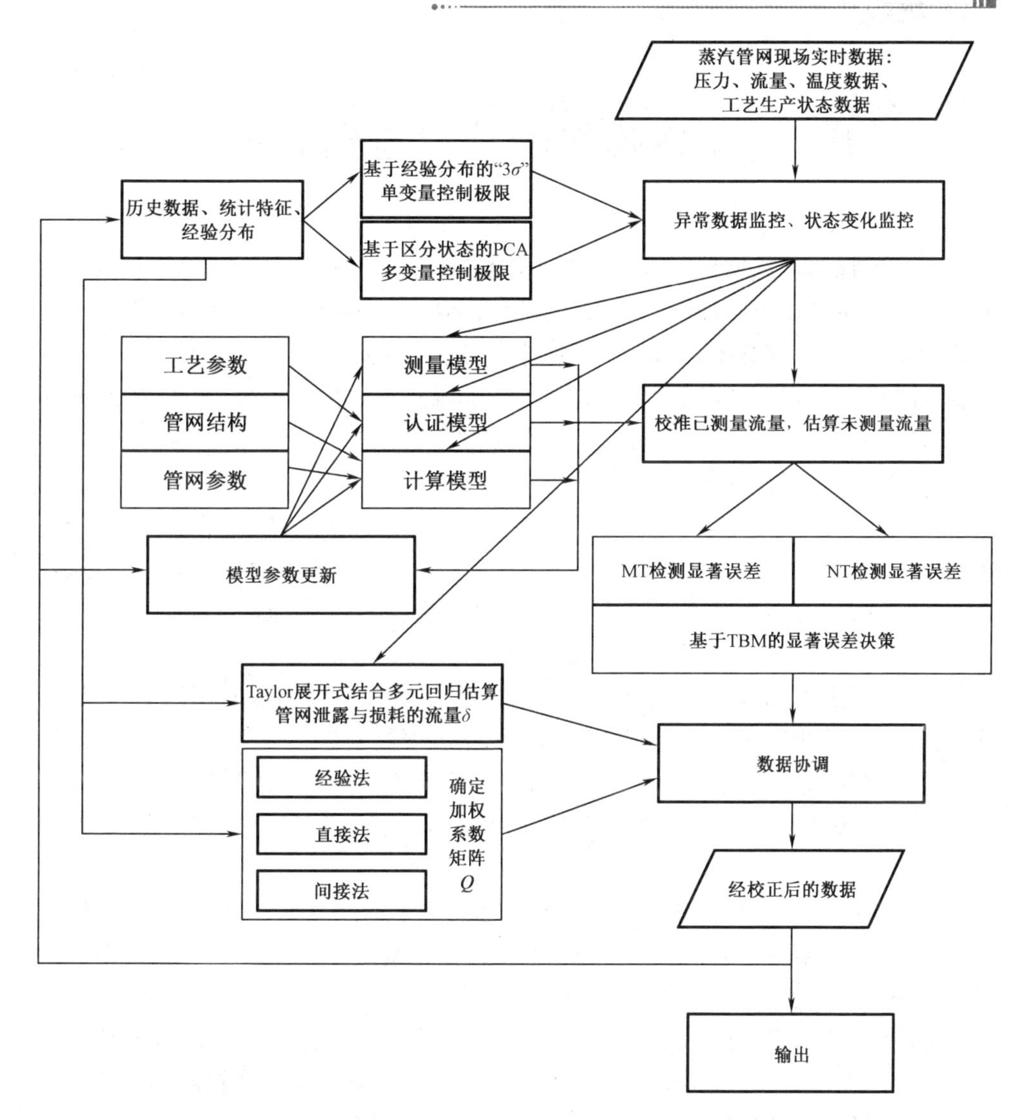

图6-1 钢铁企业蒸汽管网流量数据校正的总体方案

6.3 软件模块的功能与框架结构

蒸汽管网流量数据校正软件模块是对数据校正方案的实现。该模块是钢铁企业能源介质数据校正软件(V 1.0)的一部分,其功能和结构设计要求符合钢铁企业能源介质数据校正软件总体需求,即通过该软件及时发现来自现场的异常数据、减少数据中的显著误差和随机误差的影响,为能源管理系统的预测、调度、控制和计量提供具有较好的完整性、精确度和一致性的实时数据。

1. 蒸汽管网流量数据校正软件模块的功能

(1)数据趋势显示与运行状态监视。实时显示测量点中的任意两个或多个变量的趋势曲线,监控来自蒸汽管网系统的测量数据(包括蒸汽产生与消耗环节重要的工艺变量(与认证模型相关的变量)、管网内蒸汽的压力、温度、流量)的监视。当发现异常数据(仪表故障或生产状态异常)时报警。

(2)根据历史数据和经验,自动划分和调整压力、温度、流量监控的上上限、上限、下限和下下限。将上限与下限之间定义为安全区(绿区);将高于上上限或低于下下限的区域定义为报警区(红区);两个界于红绿之间的区域定义为调节区(黄区)。在被监控数据进入黄区时,提示 Warning 信号,当进入红区时,提示 Alarm 信号。

(3)流量的测量数据精度低和冗余度低的采用蒸汽流量计量模型、认证模型和计算模型,推算蒸汽管网不同部位的蒸汽流量测量值、认证值或计算值。使管网中几乎每个管段都有一个对应的流量数据。

(4)对蒸汽管网的流量数据实施显著误差检测和数据协调这些数据校正方法,将较高精度和一致性的流量数据提供给能源管理系统使用。软件还能根据数据校正结果与模型计算结果发生的偏差校正对应的模型。

(5)报警记录查询与报表打印功能。

来自生产现场的蒸汽管网数据,经过本软件模块的数据监控、显著误差检测和数据协调等数据校正环节后,形成比原始数据有较高质量的蒸汽管网流量数据。达到管网数据校正的目的。

2. 软件模块的框架结构

数据校正软件模块的框架结构如图 6-2 所示。本模块主要由数据校正主程序、数据接口程序、历史与实时数据库、模型与算法库、主操作界面等组成。

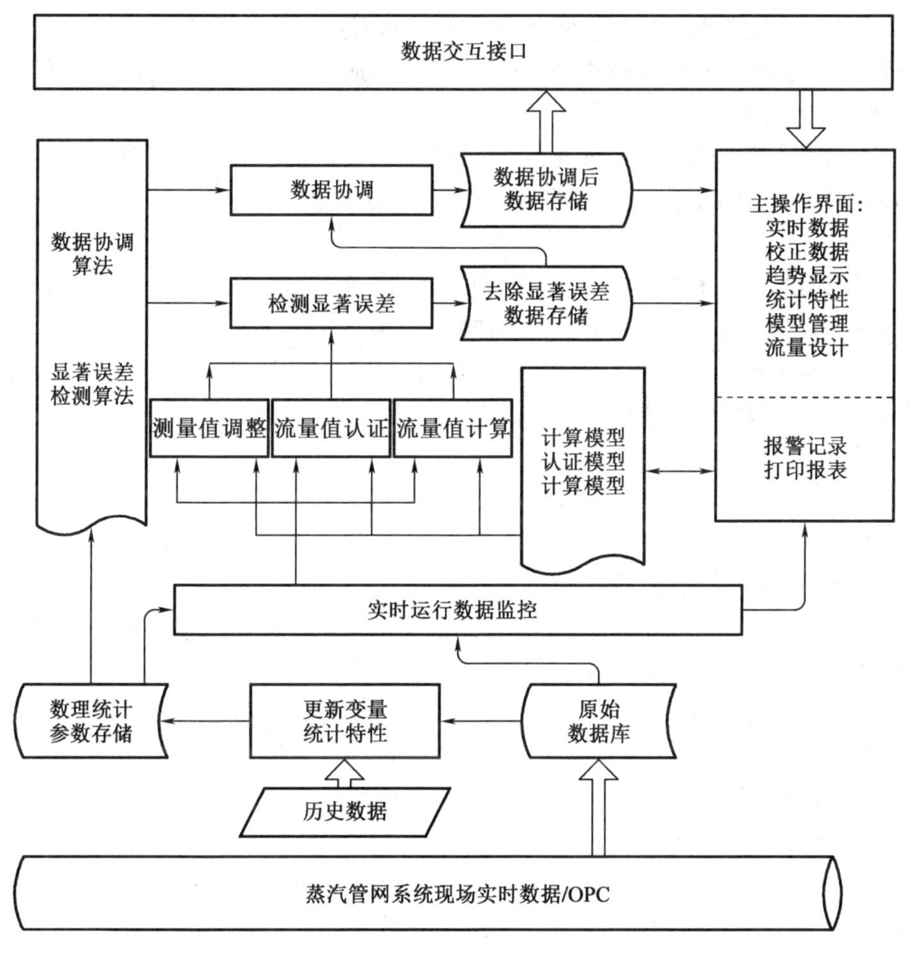

图6-2 数据校正软件模块的框架结构图

(1)数据校正主程序工作流程

依据6.1节所述的数据校正方案,数据校正的主程序工作流程可简略的描述如下:

①数据通过OPCClient从能源管理系统的OPCServer导入现场采集的数据,形成模块内的原始数据库。

②当前采集的数据和历史数据一起形成统计样本,更新数据的统计特性参数。结果送数理统计参数数据库中存储。

③原始数据和统计参数经实时运行数据监控程序调用,采用本书第2章所述的单变量与多变量监控方法,实现数据在线监控,由主操作界面显示。

④实时监控数据经过初步处理，调用第3章所述的计量模型与计算方法、蒸汽流量的认证模型与蒸汽管网流量的计算模型，形成蒸汽管网对应管段的流量计量值、认证值或计算值。

⑤调用来源不同的流量数据、管网的结构参数信息和本书第4章所述的显著误差检测算法实施显著误差检测。存储去除显著误差之后的结果，送往主操作界面显示。

⑥调用经过显著误差检测的数据和本书第5章所述的数据协调算法实施数据协调，存储数据协调的结果，并由主操作界面显示。

⑦主操作界面程序根据数据协调和模型运算结果的区别提供模型的参数再辨识、修改和更新的功能；提供报警记录查询、打印报表等功能。

(2)数据接口程序

①数据校正所需要的数据分别通过以下途径获得：

对于实时数据，即能源管理系统数据和各个生产部门DCS数据，通过OPCClient从各个系统的OPCServer中获取；

对于历史数据，从其他系统中导入到数据校正软件原始数据库中。软件支持Text文本和Excel这两种格式的数据导入。

②数据校正软件与其他系统交互方式也是通过OPC数据校正软件获取其他用户的数据需求，并将用户需要的中间计算数据和最终校正数据通过OPC发布出来实现数据交互。OPCServer程序的主要流程如图6-3所示。

(3)数据存储设计

本软件运行过程中要求把数据（无论是现场数据还是用户自己的数据）进行分类后存储在ACCESS数据库中，它主要分四部分。

①原始数据主要保存于工业现场SCADA系统，存储来自RTU、DCS、PLC等采集到的数据。

②数理统计参数数据库主要存储蒸汽管网的各种变量的统计参数信息，其中主要的参数包括最大值、最小值、均值、方差、标准差等。

③显著误差检测数据库，记录数据错误、丢失和显著误差的测量点及对应的时间，保存这些数据在需要时可以查询和调用。

④数据协调后的数据库，将经过数据协调处理后的数据存放在数据库中，便于主操作界面调用、提供OPC数据服务等。

(4)模型与算法

全部设计成C#类对象的形式，经过编译成动态链接库之后供主程序和操作界面程序实例化和调用。模型和算法的参数通过类属性的方式进行设置和调整。

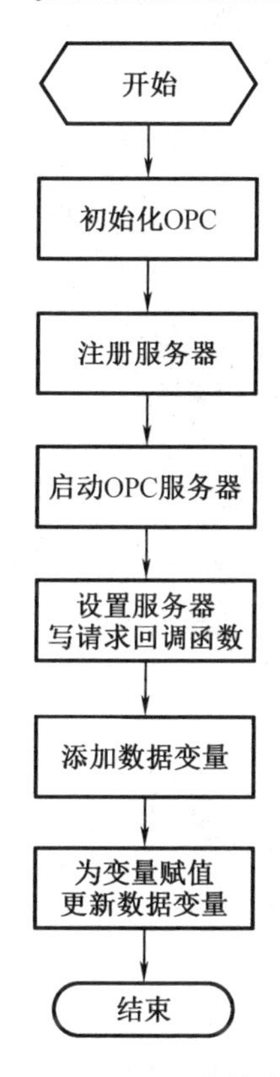

图 6 – 3 OPCServer 程序的主要流程图

(5)主操作界面程序

软件的部分界面截图如图 6 – 4 所示。主操作界面能进行的操作包括实时数据加载、数据校正、趋势显示、统计特性显示、模型管理、流量统计、报警记录和打印报表。

①数据加载:通过组态方式定义从原始数据库和历史数据库读入的数据集。

②数据校正:应用本书的算法对数据实施显著误差检验和数据协调。

③趋势显示:显示实时与历史数据,按本书提出的方法监控实时数据与生产运行状态。

④模型管理:调整计量、认证和计算模型结构、调节和更新模型参数。

⑤流量统计:对已校正过的流量数据作计量累积,显示当前流量值和某段时间蒸汽的产生量或消耗量。

⑥报警记录查询:用于查询数据监控过程中出现报警的变量、时间、数值。

⑦打印报表:按照生产管理需要打印历史曲线、流量统计值、报警记录等信息。

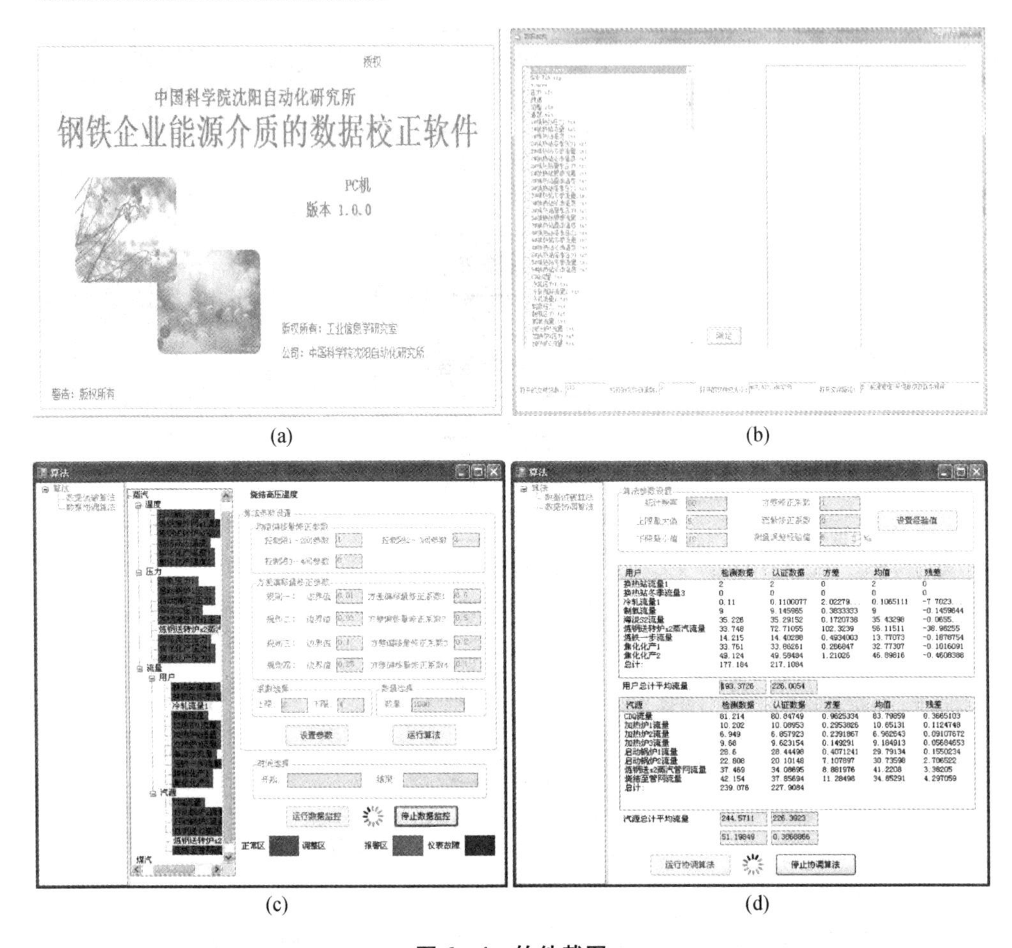

图 6－4　软件截图

(a)软件启动;(b)数据加载;(c)状态监控;(d)数据校正

基于本书研究开发的蒸汽管网数据校正软件模块已在国内某大型联合钢铁企业能源管理系统中应用。蒸汽管网的流量数据经本软件预处理后,数据的完整性、精确性和一致性得到显著改善,提高了蒸汽管网的实时调度和优化控制水平,也为蒸汽流量计量和成本核算提供了依据。对提高钢铁企业能源利用效率和能源管理水平起到了重要的作用。

6.4 本章小结

本章提出钢铁企业蒸汽管网流量数据校正的方案,并介绍实现该方案的软件模块的功能与框架。

蒸汽管网流量数据校正方案集成了异常数据监控与状态监控、流量建模与估算、显著误差检测和数据协调等技术手段,使蒸汽管网的流量数据质量得到提高,为蒸汽管网的监控、优化调度和能源成本计量提供良好的数据基础。

蒸汽管网流量数据校正软件模块是钢铁企业能源介质数据校正软件(V1.0)的组成部分。其功能包括数据监控、各管段蒸汽流量的计算、蒸汽流量数据的显著误差检测和数据协调功能。同时还具有模型更新、查询及打印的功能。

蒸汽管网流量校正软件模块主要由数据校正主程序、数据接口程序、历史与实时数据库、模型与算法库、主操作界面等组成。

软件在国内某大型钢铁企业应用,对提高能源利用效率和能源管理水平起到了重要作用。

参考文献

[1] ABBOURA A, SAHRI S, BABA - HAMED L, et al. Quality - Based Online Data Reconciliation[J]. ACM Transactions on Internet Technology, 2016, 16(1):1 - 21.

[2] FEITAL T, PRATA D M, PINTO J C. Comparison of methods for estimation of the covariance matrix of measurement errors[J]. Canadian Journal of Chemical Engineering, 2015, 92(12):2 228 - 2 245.

[3] LIMA L R P D A. Nonlinear data reconciliation in gold processing plants[J]. Minerals Engineering, 2006, 19(9):938 - 951.

[4] GUO S, LIU P, LI Z. Data reconciliation for the overall thermal system of a steam turbine power plant[J]. Applied Energy, 2016(165):1 037 - 1 051.

[5] OLIVEIRA E C, Aguiar P F. Data Reconciliation in the Natural Gas Industry: Analytical Applications[J]. Energy and Fuels, 2009, 23(7):3 658 - 3 664.

[6] GUO S, LIU P, LI Z. Estimation of exhaust steam enthalpy and steam wetness fraction for steam turbines based on data reconciliation with characteristic constraints[J]. Computers and Chemical Engineering, 2016(93):25 - 35.
[7] RYU Y, GUPTA A, JUNG W Y, et al. A reconciliation of experimental and analytical results for piping systems[J]. International Journal of Steel Structures, 2016, 16(4):1 043 - 1 055.

结　论

本书从钢铁企业能源管理系统和蒸汽管网实时优化调度管理对数据完整性、精确度、一致性和时效性需求出发，调研蒸汽管网测量系统的现状，分析流量测量数据精度不高的原因，论证数据校正的必要性，研究蒸汽管网测量数据监控、模型化、显著误差检测和数据协调的方法。

本书的研究贡献和结论如下。

(1)介绍了我国钢铁企业能耗现状，研究了能源管理系统与蒸汽管网在钢铁企业的地位与状况。得到的结论是:利用能源管理系统平台，对蒸汽管网系统进行实时优化控制是降低能耗指标的有效手段之一;数据校正技术能有效提高蒸汽流量数据的完整性、精确度和一致性，是保障蒸汽系统实时优化控制、提高计量精度、节能降耗的前提和支撑技术之一。

(2)针对国内钢铁企业蒸汽流量计量精度较低的问题，通过调研总结出流量计量精度低是由设计条件、安装环境、温压补偿、元件磨损等原因造成的。本书结合国家标准、IF97 公式和一体化喷嘴流量计的测量原理，修正一体化喷嘴差压式流量计在用于蒸汽流量测量时的计量模型，以校正现已安装的仪表。

(3)针对工序点流量数据缺失或仪表长期存在固定偏差的情况，本书研究和分析了蒸汽管网的平衡设计，确定了影响生产环节蒸汽的实时产生量或消耗量的因素，提出了建立蒸汽生产工艺和消耗工艺流量认证模型的方法，并用实例证实模型的有效性。这些认证模型在流量仪表因故障停止计量时能补全缺失的数据，在计量不准时作为校正仪表的依据。

(4)针对蒸汽管网的主干管段一般不安装流量测量设备，易造成数据缺失的情况，本书提出了联合蒸汽管网的水力学和热力学方程建立蒸汽管网的计算模型，又提出了采用搜索的方式计算蒸汽管网流量的方法。计算实例证实，在管网处于稳态时该模型和流量的计算方法得到的流量值具有一定精度。在流量仪表故障或无测量仪表时，计算值能补全缺失数据，供生产调度使用。

(5)针对来自现场的数据量大且不符合正态分布的问题，本书提出了采用统计过程控制的方法监控蒸汽管网数据，研究并提出了单变量和多变量的统计过程控制的控制极限确定方法。

对单变量监控,建立经验分布函数,应用并改进"3σ"原则,将控制极限划定在由"3σ"原则确定的极限概率对应的经验分布中的位置,作为监控单变量是否异常的控制极限,避免因经验分布与正态分布差别较大时出现划分的控制极限不合理的问题。

对多变量监控,采用区分不同的工况,分别建立各种工况下的 PCA 模型、确定 Hotelling's T^2 及平方预测误差 SPE 报警极限的方法。

针对系统非线性存在 PCA 线性化误差误报警的问题,本书提出了分段 PCA 算法。

(6)针对显著误差的问题,本书提出了基于 TBM 证据理论、综合 MT 法和 NT 法得到显著误差决策的方法。MT 法虽能定位显著误差但易传播显著误差,而 NT 法存在不能定位显著误差的缺陷,结合两种方法,采用基于 TBM 证据理论的合成检验法,形成显著误差决策。本书还简单介绍了 GLR - NT 算法检测显著误差的方法及应用的可行性。

(7)针对不同来源数据一致性的问题,本书提出实施数据协调的方法,阐述了数据协调的算法原理和需要满足的四个条件;提出了用 Taylor 展式和多元回归的方法确定管网泄漏与蒸汽损耗;提出了用改进的间接法确定数据协调加权系数矩阵,即方差 - 协方差矩阵的方法,以实例证实计入损耗、采用间接法确定矩阵 $\boldsymbol{Q}$ 能显著改善数据协调效果;最后论述了 PCA 与动态数据协调相结合的在线数据协调方案。

(8)提出了蒸汽管网流量数据校正的总体方案,开发实现该方案的蒸汽管网数据校正软件模块。书中介绍了数据校正的总体方案,以及数据校正软件模块的功能与框架结构。该软件模块在国内某大型钢铁企业被成功应用。

本书全面研究了钢铁企业蒸汽管网数据校正的问题,形成了蒸汽管网系统数据监控与流量数据校正的完备方案。仿真和验证的结果证实该方案能有效地提高测量数据质量,为蒸汽管网优化控制和调度管理提供良好的数据基础,同时也为蒸汽科学合理计量和能源成本核算提供依据。

结合本书的研究情况,对后续可能研究的内容阐述如下。

(1)蒸汽流量计量器具的检定方法和误差校正的算法研究。结合测量原理和蒸汽性质,设计计量器具的检定方法和在线误差校正算法,提高流量仪表精度,使数据质量从根本上得到改善。数据校正是在测量误差较大时的选择。

(2)基于蒸汽管网静态模型,逐步过渡到蒸汽管网动态模型与仿真研究。由于生产状态的变化直接影响管网压力的波动,蒸汽放散往往发生在状态过渡时。通过管网的动态模型仿真预测管网的运行状态,对减小放散有积极意义。

(3)研究来自计量、计算和认证模型等不同来源数据之间的数据融合技术及模型验证和模型参数修正的机理,发挥模型化数据的作用。

(4)研究在计量值基础上,加入计算值、认证值时的显著误差检验和数据协调算法,分析压力、温度和流量不同的物理量之间的数据协调算法与管网动态过程中的数据协调问题。

附　　录

附表1　蒸汽性质中式(2-6)的系数与指数

i	I_i	J_i	n_i	i	I_i	J_i	n_i
1	1	0	$-0.177\ 317\ 424\ 732\ 13 \times 10^{-2}$	23	7	0	$0.590\ 595\ 643\ 242\ 70 \times 10^{-17}$
2	1	1	$-0.178\ 348\ 622\ 923\ 58 \times 10^{-1}$	24	7	11	$-0.126\ 218\ 088\ 991\ 01 \times 10^{-5}$
3	1	2	$-0.459\ 960\ 136\ 963\ 65 \times 10^{-1}$	25	7	25	$-0.389\ 468\ 424\ 357\ 39 \times 10^{-1}$
4	1	3	$-0.575\ 812\ 590\ 834\ 32 \times 10^{-1}$	26	8	8	$0.112\ 562\ 113\ 604\ 59 \times 10^{-10}$
5	1	6	$-0.503\ 252\ 787\ 279\ 30 \times 10^{-1}$	27	8	36	$-0.823\ 113\ 408\ 979\ 98 \times 10$
6	2	1	$-0.330\ 326\ 416\ 702\ 03 \times 10^{-4}$	28	9	13	$0.198\ 097\ 128\ 020\ 88 \times 10^{-7}$
7	2	2	$-0.189\ 489\ 875\ 163\ 15 \times 10^{-3}$	29	10	4	$0.104\ 069\ 652\ 101\ 74 \times 10^{-18}$
8	2	4	$-0.393\ 927\ 772\ 433\ 55 \times 10^{-2}$	30	10	10	$-0.102\ 347\ 470\ 959\ 29 \times 10^{-12}$
9	2	7	$-0.437\ 972\ 956\ 505\ 73 \times 10^{-1}$	31	10	14	$-0.100\ 181\ 793\ 795\ 11 \times 10^{-8}$
10	2	36	$-0.266\ 745\ 479\ 140\ 87 \times 10^{-4}$	32	16	29	$-0.808\ 829\ 086\ 469\ 85 \times 10^{-10}$
11	3	0	$0.204\ 817\ 376\ 923\ 09 \times 10^{-7}$	33	16	50	$0.106\ 930\ 318\ 794\ 09$
12	3	1	$0.438\ 706\ 672\ 844\ 35 \times 10^{-6}$	34	18	57	$-0.336\ 622\ 505\ 741\ 71$
13	3	3	$-0.322\ 776\ 772\ 385\ 70 \times 10^{-4}$	35	20	20	$0.891\ 858\ 453\ 554\ 21 \times 10^{-24}$
14	3	6	$-0.150\ 339\ 245\ 421\ 48 \times 10^{-2}$	36	20	35	$0.306\ 293\ 168\ 762\ 32 \times 10^{-12}$
15	3	35	$-0.406\ 682\ 535\ 626\ 49 \times 10^{-1}$	37	20	48	$-0.420\ 024\ 676\ 982\ 08 \times 10^{-5}$
16	4	1	$-0.788\ 473\ 095\ 593\ 67 \times 10^{-9}$	38	21	21	$-0.590\ 560\ 296\ 856\ 39 \times 10^{-25}$
17	4	2	$0.127\ 907\ 178\ 522\ 85 \times 10^{-7}$	39	22	53	$0.378\ 269\ 476\ 134\ 57 \times 10^{-5}$
18	4	3	$0.482\ 253\ 727\ 185\ 07 \times 10^{-6}$	40	23	39	$-0.127\ 686\ 089\ 346\ 81 \times 10^{-14}$
19	5	7	$0.229\ 220\ 763\ 376\ 61 \times 10^{-5}$	41	24	26	$0.730\ 876\ 105\ 950\ 61 \times 10^{-28}$
20	6	3	$-0.167\ 147\ 664\ 510\ 61 \times 10^{-10}$	42	24	40	$0.554\ 147\ 153\ 507\ 78 \times 10^{-16}$
21	6	16	$-0.211\ 714\ 723\ 213\ 55 \times 10^{-2}$	43	24	58	$-0.943\ 697\ 072\ 412\ 10 \times 10^{-6}$
22	6	35	$-0.238\ 957\ 419\ 341\ 04 \times 10^{2}$				

附表 2 常用钢套钢保温蒸汽管道规格

单位:mm

DN	50	70	80	100	125	150	200	250	300	350	400	500	600	700	800	900	1 000
D_{bw}	30	35	40	45	50	60	70	75	80	90	95	100	105	110	110	110	120
D_{gg}	57	76	89	108	133	159	219	273	325	377	426	529	630	720	820	920	1 020
D_{ex}	159	219	219	273	325	325	377	426	530	630	720	820	920	1 020	1 220	1 220	1 440

注:DN 为公称直径; D_{bw} 为保温层厚度;D_{gg} 为工作钢管外径;D_{ex} 为保温管道外径。

附表 3 温度与管径对蒸汽与工作钢管对流系数的影响数据

DN /mm	工作钢管内蒸汽温度/℃									
	300	280	260	240	220	200	180	160	140	120
50	192.75	189.79	188.17	187.87	187.87	182.35	183.77	181.53	178.38	168.29
70	207.17	204.00	202.26	201.93	201.93	196.00	197.52	195.12	191.74	180.89
80	250.74	246.90	244.79	244.39	244.39	237.21	239.05	236.14	232.05	218.93
100	232.09	228.53	226.58	226.22	226.22	219.57	221.27	218.58	214.79	202.64
125	195.51	192.51	190.87	190.56	190.56	184.96	186.40	184.13	180.94	170.70
150	168.33	165.75	164.34	164.07	164.07	159.25	160.49	158.53	155.79	146.98
200	174.62	171.95	170.48	170.21	170.21	165.21	166.49	164.46	161.61	152.47
250	196.65	193.64	191.99	191.68	191.68	186.05	187.49	185.21	182.00	171.70
300	202.69	199.59	197.88	197.56	197.56	191.76	193.25	190.89	187.59	176.98
350	212.42	209.17	207.38	207.05	207.05	200.97	202.53	200.06	196.59	185.47
400	219.56	216.20	214.35	214.01	214.01	207.72	209.33	206.78	203.20	191.70
500	239.53	235.87	233.85	233.48	233.48	226.62	228.37	225.59	221.68	209.14
600	247.67	243.88	241.79	241.41	241.41	234.31	236.13	233.26	229.21	216.25
700	253.25	249.37	247.24	246.85	246.85	239.59	241.45	238.51	234.38	221.12
800	256.93	252.99	250.83	250.43	250.43	243.07	244.96	241.97	237.78	224.33
900	266.38	262.30	260.05	259.64	259.64	252.01	253.97	250.87	246.52	232.58
1 000	288.43	284.01	281.58	281.13	281.13	272.87	274.99	271.64	266.93	251.83

附表 4　温度与埋深对相同管径的蒸汽管道与土壤换热系数的影响数据

λ_r/[W/(m·K)]	DN300/mm						DN900/mm					
	h/m											
	0.8	1.2	1.5	1.8	2.1	2.4	0.8	1.2	1.5	1.8	2.1	2.4
0.3	0.81	0.69	0.63	0.60	0.57	0.55	0.57	0.40	0.35	0.32	0.30	0.28
0.6	1.62	1.37	1.27	1.19	1.14	1.09	1.13	0.81	0.70	0.64	0.59	0.56
0.9	2.43	2.06	1.90	1.79	1.70	1.64	1.70	1.21	1.06	0.96	0.89	0.84
1.2	3.24	2.75	2.54	2.39	2.27	2.18	2.27	1.62	1.41	1.28	1.19	1.12
1.5	4.05	3.43	3.17	2.98	2.84	2.73	2.83	2.02	1.76	1.60	1.48	1.40
1.8	4.87	4.12	3.80	3.58	3.41	3.27	3.40	2.43	2.11	1.92	1.78	1.68
2.1	5.68	4.81	4.44	4.17	3.98	3.82	3.97	2.83	2.47	2.24	2.08	1.95
2.4	6.49	5.49	5.07	4.77	4.54	4.36	4.53	3.23	2.82	2.56	2.37	2.23
2.7	7.30	6.18	5.70	5.37	5.11	4.91	5.10	3.64	3.17	2.88	2.67	2.51
3.0	8.11	6.87	6.34	5.96	5.68	5.45	5.67	4.04	3.52	3.20	2.97	2.79

附表 5　相同土壤导热系数下的管道不同埋深与土壤换热系数的数据

D_{ex}/mm	λ_t=0.6 W/(m·K)						λ_t=2.1 W/(m·K)					
	h/m											
	0.8	1.2	1.5	1.8	2.1	2.4	0.8	1.2	1.5	1.8	2.1	2.4
159	2.516	2.216	2.079	1.980	1.903	1.841	8.806	7.755	7.277	6.929	6.659	6.442
219	2.047	1.776	1.656	1.569	1.503	1.450	7.164	6.216	5.796	5.492	5.260	5.074
219	2.047	1.776	1.656	1.569	1.503	1.450	7.164	6.216	5.796	5.492	5.260	5.074
273	1.791	1.535	1.423	1.344	1.283	.235	6.269	5.372	4.982	4.703	4.491	4.322
325	1.622	1.374	1.268	1.193	1.136	1.091	5.676	4.808	4.437	4.174	3.976	3.818
325	1.622	1.374	1.268	1.193	1.136	1.091	5.676	4.808	4.437	4.174	3.976	3.818
377	1.498	1.254	1.152	1.080	1.026	0.984	5.244	4.390	4.032	3.781	3.592	3.443
426	1.410	1.167	1.067	0.998	0.946	0.905	4.934	4.084	3.735	3.491	3.310	3.167
530	1.280	1.033	0.936	0.870	0.821	0.782	4.479	3.617	3.276	3.044	2.872	2.739
630	1.203	0.946	0.849	0.784	0.737	0.700	4.209	3.312	2.973	2.745	2.579	2.451
720	1.160	0.889	0.792	0.727	0.680	0.645	4.060	3.113	2.770	2.545	2.382	2.257

附表5(续)

D_{ex} /mm	λ_t =0.6 W/(m·K)						λ_t =2.1 W/(m·K)					
	h/m											
	0.8	1.2	1.5	1.8	2.1	2.4	0.8	1.2	1.5	1.8	2.1	2.4
820	1.136	0.843	0.742	0.678	0.632	0.597	3.976	2.950	2.599	2.372	2.211	2.088
920	1.133	0.809	0.705	0.639	0.593	0.558	3.966	2.830	2.467	2.237	2.076	1.954
1 020	1.152	0.784	0.675	0.608	0.562	0.527	4.031	2.745	2.364	2.130	1.967	1.846
1 220	1.277	0.758	0.635	0.564	0.516	0.481	4.470	2.653	2.223	1.973	1.805	1.682
1 220	1.277	0.758	0.635	0.564	0.516	0.481	4.470	2.653	2.223	1.973	1.805	1.682
1 440	1.784	0.759	0.611	0.532	0.481	0.445	6.244	2.655	2.139	1.862	1.683	1.557

后　记

看到写完的书稿，真是感慨万千。曾经，对出书这个“宏伟目标”总是望而却步。究其原因，自觉学识浅薄恐难出有价值的书，因而有所顾虑。与此同时潜在的惰性也频频“出招儿”，使我找到各种放弃的借口。当看到周围年轻的博士研究生们纷纷开始集成研究成果付梓之时，他们的坚韧进取和乐观自信的精神感染并激励了我。于是我试图总结近年的工作，把它作为逝去岁月留下的一点痕迹，亦为鞭策自己前行的力量。

由于历史原因，中国的工业化和信息化融合只能同步开展。当前，信息技术在钢铁企业得到广泛应用，企业采集和存储了大量的现场数据。但是，除了日常管理和报表功能外，其他更深入的应用比较有限。

本书结合作者几年来对钢铁企业能源管理系统，尤其是蒸汽管网系统的研究，希望以管网结构和模型为基础，建立或挖掘测控数据之间的关联性。旨在寻求更有效的实时监控与数据校正算法，以提升监控效果和数据质量，为基于数据的企业安全生产、优化控制和宏观调度提供良好的基础，也为扩展其他更为复杂的数据应用铺平道路。

书中主要以工程化的角度提出问题并对其解析，即没有在本书提及的理论和工具上进行严谨的数学推导或证明，而是以如何实施为中心。这种特点使本书便于工程技术人员在工程应用中参考。

罗先喜

2018 年 11 月于南昌